英国学校制服コレクション

British School Uniform Collection

石井理恵子

Introduction

私は新旧の英国映画を観てきて、なかでも学生たちの登場する作品の制服にあこがれを持っていました。
『アナザー・カントリー』に登場する生徒たちの大人びたテイルスーツ、『小さな恋のメロディ』のおしゃれなワンピース、ミステリアスなイメージを漂わせつつも可愛い『ハリー・ポッター』シリーズのマント姿など。そしてTVで見た『ジーン・シモンズのロック・スクール』の修道士のようなスタイルの制服は、強いインパクトを私に与えてくれました。

いつしか英国の制服の虜になった私は、英国の男子制服ばかりを集めた本を出版しました。そのときからずっと、「男子だけでなく、女子の制服も」という読者の方々の要望にも応えたく、いつか英国の男女の学校制服だけを集めた本を作りたいと思っていました。

英国の制服も、伝統を守り続けているものもあれば、時代に合わせて変化していったものも、もちろんあります。また、制服について調べていくうちに、制服の持つ意味合いについても知ることになりました。たとえば、英国における最初の学校制服といわれるものは、貧しい子どもたちのための学校のもので、寄付により作られたのが始まりだったようです。

しかしその後、学校のあり方にも変化が生まれ、制服においても、ジェンダー問題や宗教に配慮した取り組みも出てきました。

そうした歴史にも触れつつ、とにかく自分が英国の制服に惹かれた基本の部分に立ち返り、魅力ある制服を可能な限りビジュアルで見せていく本を作りました。楽しんでいただければ幸いです。

Contents

Map

本書に登場するおもな学校

❶アベリーホール・スクール
❷クライスツ・ホスピタル
❸ブランデルズ・スクール
❹ヒースフィールド・スクール
❺クレイズモア・スクール
❻クリフトン・カレッジ
❼イーストボーン・カレッジ
❽フェテス・カレッジ
❾ギグルスウィック・スクール
❿ザ・キングズ・スクール
⓫ロレット・スクール
⓬ミル・ヒル・スクール
⓭クイーン・マーガレッツ・スクール
⓮ラグビー・スクール
⓯ウェリントン・スクール
⓰トーントン・スクール
⓱ウェルズカテドラル・スクール
⓲ウィンダミア・スクール
⓳ハロウ・スクール
⓴イートン・カレッジ

Scotland
スコットランド

Edinburgh
エディンバラ

Isle of Man
マン島

England
イングランド

Wales
ウェールズ

Cambridge
ケンブリッジ

Oxford
オックスフォード

Bristol
ブリストル

London
ロンドン

Canterbury
カンタベリー

Brighton
ブライトン

学齢と制服

英国の学校制度は、公立と私立で違いがあるためわかりにくくなっています。入学のタイミングも若干異なりますが、大まかに表1のように分類されます。

まず、5歳の秋から学校に入り、18歳の秋から大学等の高等教育に進みます。この計13年間の学校生活で、それぞれの学年はYear 1（Y1）からYear 13（Y13）と呼ばれます。このうち、8歳から12歳までの学校（Y4〜Y8）を私立校ではプレップ・スクールまたはジュニア・スクールといいます。13歳から18歳までの学校（Y9〜Y13）はシニア・スクールです。うち、とくに伝統のあるシニア・スクールが、いわゆるパブリック・スクールです。

例外はありますが、いずれもほとんどの学校に制服があります。プリ・プレップ・スクールや公立小学校にも制服はありますし、その下のナーサリー（保育園／幼稚園、P.8参照）でも、トレーナーやショートパンツなどの決まった服装があります。

公立に通う生徒の場合は、スーパーなどでかなり手頃な価格で標準的な制服を購入できます（P.108〜参照）。

私立の場合、日本ととくに異なるのは、最終学年になると学校が定めた制服ではなく、一定のルールの下での“自由

［表1］英国の学齢と学年

学年	1	2	3	4	5	6	7	8
年齢	5	6	7	8	9	10	11	12
統一試験								
私立校 Independent	プリ・プレップ・スクール Pre-preparatory School			プレップ・スクール（ジュニア・スクール） Preparatory School (Junior School)				
公立校 State	プライマリー・スクール（公立小学校） Primary School							

義務教育＊6

初等教育

＊1 GCSE（General Certificate of Secondary Education） 義務教育終了時（15〜16歳）に受ける全国統一試験で、大学進学に必要。8〜10科目で、グレード別に評価される。

＊2 Aレベル（A-Level） 英国の大学入試にあたるもの。3〜5科目で、17歳で受験する。

＊3 私立のシニア・スクールは、11歳で入学するケースもある。かつて女子校は11歳での入学が多かったため、その名残で今もそのままのところがある。

な服装”が可能になる学校が多いことです。とはいってもスーツを基本とし、「落ち着いたダークカラーの服装」「靴は革（合革含む）」といった規定があるところが多いです。

また、私立の最終学年の場合、プリフェクトやハウス・モニター、スカラー（すべて次ページ表2を参照）などは、ジャケットの色、ズボンの色、ウエストコートの色、タイなどが一般学生と異なるところもあります。

英国の制服ルールは、日本と比べて厳しいと思う方も、緩いと思う人もいるかもしれませんが、制服着用時にはいくつかの規則があり、乱れた服装をしていると、罰則を与えられるケースもあります（制服ルールの具体例についてはP.97参照）。

義務教育終了時（15～16歳）には、大学進学のためのGCSEという全国統一試験があります。その試験のあと、大学入試にあたるAレベル試験を受けます。

Aレベル試験のための予備校的な存在のシックス・フォーム・スクールというものもあり、これは、私立のシニア・スクールからの持ち上がりとは別の、それのみの独立した学校です。こうしたシックス・フォーム・スクールの場合、いわゆる私立校のような スーツ着用ルールもなく、まったくの私服もOKのようです。

学年	9	10	11	12	13	1	2	3～
年齢	13 / 14	15	16	17	18	19	20	21～
試験			▲GCSE＊1		▲Aレベル＊2			
私立	シニア・スクール＊3 Senior School			ローワーおよびアッパー・シックス・フォーム Lower / Upper 6th Form		大学など Higher Education		
公立	セカンダリー・スクール＊4 Secondary School (Comprehensive School / Grammar School ＊5)			シックス・フォーム・スクール（独立系私立校） Sixth Form School				
	中等教育					高等・専門教育		

＊4 公立のセカンダリー・スクールは、コンプリヘンシブ・スクール、ステート・スクールともいう。
＊5 グラマー・スクール（公立の進学校）はきわめて数が少ない。
＊6 義務教育終了後、職業教育校に進む生徒もいる。

［表2］英国でよく使う学校用語

ハウス House	寄宿制の学校の寮のこと。通学制の場合でも、学年を縦割りにした組み分けのグループをそう呼ぶこともある。
ヘッド・マスター Head Master	校長先生。
ハウス・マスター House Master	寮長先生。学科の先生も兼ねていることがほとんど。
プリフェクト Prefect	監督生。学校によりモニター（Monitor）などと呼ぶこともある。最上級生の中で何人かいる、リーダー的存在の優等生。
ヘッドボーイ／ヘッドガール Headboy / Headgirl	生徒代表。日本でいう生徒会長のような存在。プリフェクトのなかから選ばれることが多い。
スカラー Scholar	奨学生。学業や芸術、スポーツなどの才能を高く評価された生徒のことで、必ずしも学費援助があるわけではない。
バーサリー Bursary	学費援助を多く受けている奨学生。
ナーサリー Nursery	保育園・幼稚園にあたる。3歳以下が入るのはナーサリー、4歳児が入るのはレセプション（Reception）と呼ばれる。
スクール・カラー／ハウス・カラー School Colour / House Colour	学校のイメージカラー。学校制服やスポーツのユニフォームに反映されることもある。ハウスごとにもそれぞれカラーがある。
シックス・フォーム Sixth Form	義務教育後の大学進学に向けて学ぶ2年間の最終学年。私立のシニア・スクールのほとんどに、このシックス・フォームがあり、ローワー（Lower）・シックスフォームとアッパー（Upper）・シックス・フォームからなる。公立のセカンダリー・スクールの学生で、大学進学を希望する生徒は、私立に編入するかシックス・フォーム・スクールという独立した予備校的な私立学校に入学する。シックス・フォームのある公立校も。

私立校の装い

500年以上の歴史を持つ学校の伝統的な制服から、日本でも人気のあるジャケットにタータン・チェックのスカートの組み合わせまで、さまざまなタイプの制服があります。同じ学校で学ぶことの誇りや連帯意識を感じさせてくれる制服ですが、実は学年や立場によって細部に微妙な違いを持たせてあり、生徒のモチベーションを上げる工夫も隠されています。

Abberlyhall School

>>> アベリーホール・スクール

学校

ウスターシャー州にある、通学生と寮生を含む男女共学のプレップ・スクール。創立は1878年で、もとはケント州にあった学校が第一次大戦の戦禍を避けて現在の地に移転してきました。

学校の敷地内には1884年に建てられたクロックタワーがあり、学校の象徴的存在です。これは歴史的にも貴重な建造物で、特別な日に一般公開されています。

制服

薄い茶色のツイード・ジャケットの下には、水色のシャツに斜めストライプのタイをつけます。男子はチャコールグレーのズボン、女子はグリーン地のタータンチェックのスカートを履きます。寒い季節はジャケットの下にグレーのＶネックセーターを着込みます。

プレップの下の学校にあたる、プリ・プレップの男子はシャツにセーター、女子はタータンのジャンパースカートを着ます。

Christ's Hospital

>> クライスツ・ホスピタル

学 校

イングランド南部ウエスト・サセックス州にある、英国の学校制服の発祥といわれる寄宿学校。校名のHospitalという言葉には慈善団体という意味もあります。もともとは1552年に、ロンドンの父親のいない貧しい家庭の子どもたちを対象にした教育を授ける場としてスタートしたため、校名にその名残があります。そのため当時は制服も、市民からの厚意によって提供されていました（現在は異なる）。

制服の胸や袖についているボタンはヘンリー８世の息子、エドワード6世の肖像が彫り込まれたものです。最終学年になると、袖のカフスがベルベットのものになり、コートのボタンも増えます。

制服

現存する学校制服のなかで最も古く、テューダー朝時代からほぼ変わらないスタイルです。制服は紺色の長い上着のウエスト部分をベルトで締め、膝丈のズボンと黄色いソックス、首には白い長方形の布状のものを巻きます。女子はウエスト下までの丈の上着に膝丈のスカートが基本。

学校推奨の靴は、英国ブランドのドクター・マーチンです。

スクール・カラーのマフラーを巻く生徒。
紺と黄色の組み合わせは鮮やか。

Year9（9学年）からつけることのできる、幅広のバックル。それまでは、シンプルな形をしたバックルのベルトを締めます。

女子は通常、ウエストあたりまでの短めの上着にプリーツスカート、黄色いソックスですが、シニアの学年になると、黒いストッキングを履くことができます。冬の間だけ男子と同じ、くるぶし丈の長い上着を着用します。

この学校の制服は入学時に貸与され、卒業時に返却します。

クライスツ・ホスピタルのスクールバンド。音楽の才能のある生徒が多く集まるこの学校では、バンドメンバーに選ばれるのは誇りです。バトンを持ち、バンドを率いるドラム・メジャー（マーチングバンドの指揮者）は、紺と黄のスクール・カラーに校章入りのサッシュをかけています。

バンドと呼ばれる、たたんだ白ハンカチのようなタイ。

とにかく目立つ、黄色のソックス。この色の起源は諸説あり、制服を採用しはじめたテューダー朝時代には黄色の染料が安かったとか、サフランと玉ねぎから作られた染料で染めた布地はノミやネズミに食われなかったとか、ペストの予防にもなるなどといった真偽不明な説もあり。

バンドは男女とも同じですが、特別な行事のとき、女子はレースのついた、丸みを帯びたタイを着用します。

THE MELLSTROM
CAREERS CENTRE

Blundell's School

ブランデルズ・スクール

学校

1604年に、地元の裕福な商人ピーター・ブランデルによって設立されたイングランド南西部の学校。創立時は別の場所で男子校としてスタートし、女子の入学は1975年から。ラテン語の授業のクオリティは高く、週のはじめの礼拝では、モニター（監督生）によるラテン語の祈りが行われています。

制服

男子は冬季と春季は茶色、夏期は紺のジャケット。女子は冬期と春期は赤、夏期は紺です。学科、スポーツ、芸術、またはあらゆる分野で好成績を収めた最終学年の生徒は、フルカラーと呼ばれる黒地に赤・白の縞模様のジャケット、スクール・バッジとは異なるバッジ、特別なタイなどの着用資格が与えられます。

Heathfield School

≫ ヒースフィールド・スクール

学校

競馬場で有名なアスコットの街にある、11歳から18歳までの女子校。1899年にロンドンで創立されたこの学校は、のちにセント・メアリーズという学校と合併。もとは寄宿学校でしたが、2015年から通学生も受け入れるようになりました。王室関係者やファッション業界、芸能界で俳優として活躍する卒業生が多数います。

制服

地は白と水色のストライプで襟と袖口が白いシャツ。濃紺のVネックセーター、膝丈のスカートを履きます。タイはハウスごとのカラーです。冬はシャツのいちばん上のボタンを留めてタイを締めますが、夏はネクタイを外して、襟を開けることが許されます。長い髪の生徒は、後ろでひとつにまとめて結わえます。

Clayesmore School

>>> クレイズモア・スクール

学校

1896年に創設された学校。何度かの移転後、現在はイングランド南西部ドーセット州にあります。かつての大邸宅を校舎にしていて、同じ敷地内にナーサリー、12歳以下の生徒が通うプレップ・スクール、その上のシニア・スクールがあります。共学の学校で、寄宿生と通学生がいます。ビートルズのマネージャー、ブライアン・エプスタインが通っていたことでも知られています。

制服

学校指定のシャツ、スクール・タイ、校章のついた紺のジャケットに、男子は濃いグレーのズボン。女子はグリーン系のタータンチェックのキルトスカート。男女どちらもＶネックのセーターをジャケットの下に着ることができます。付属のナーサリーの男子は水色のシャツにグレーの半ズボン、女子は上のスクールの生徒と同じ柄のワンピース。シックス・フォームは男女ともダークカラーのスーツを着ます。

Clifton College

>>> クリフトン・カレッジ

学校

ブリストルにある学校で、1862年に設立。科学、女性教育、人種的寛容を信じる著名な教育者、ジョン・パーシバル博士が学校を率いていました。謙虚でありながらも自信を持ち、他者に対して責任感ある生徒を育成することを目標にしてきました。有名な卒業生には、映画『ノッティング・ヒルの恋人』のロジャー・ミッチェル監督や、モンティ・パイソンのメンバー、ジョン・クリーズがいます。

制服

スクール・バッジをつけた青いジャケットに、男女ともタイをします。男子は白いシャツにチャコールグレーのズボン。女子は白いシャツにスクール・カラーの青、グリーン、紺のタータンチェックのスカート、丈はひざ下。

ジャケットの下は紺、濃いグレー、黒の長袖ニットやベストを着るのはOKですが（ロゴなどの入っていないもの）、スウェット・パーカの着用は禁止されています。

最終学年になると、自分でスーツを選べます。女子は好みでタイトスカートやパンツなどのセットアップを着ます。

付属のナーサリーでは、動きやすいフリースやトレーナーを着ています。

シニア・スクールでは白いシャツですが、プレップ・スクールの生徒は男女ともブルーのシャツ、ジャケットには校章。

Eastbourne College

⋙ イーストボーン・カレッジ

学校

イースト・サセックス州にあり、英国の人気ビーチリゾートにほど近い場所に建つこの学校は、1867年にデヴォンシャー公爵により創設されました。1968年にシックス・フォームに初めて女生徒が入学、1995年から完全な共学になりました。13歳から18歳までの通学生と寮生がいます。ドラマ『ダウントン・アビー』の使用人・ジミー役のエド・スペリーアスはこの学校の出身です。

学校からイーストボーンのビーチへは、徒歩で行ける近さにあります。

制服

男女とも、校章のついた紺のジャケットに白いシャツ、そしてタイを着用します。男子はダークグレーのズボン、女子はグリーンがベースの赤と黄のライン入りタータンチェックのキルトスカート。

男女とも、ジャケットの下に着てもいいのはダークグレー、紺、黒のプレーンなVネックのセーター。制服姿のときには、カーディガンやケーブルニットの着用は許されていません。

Fettes College

≫ フェテス・カレッジ

学校

スコットランドの首都エディンバラにあるお城のような外観の学校。エディンバラ市長も務めたサー・ウィリアム・フェテスが息子を失ったあと、自分の遺産を貧しい子どもたちの教育に使うようにと残した遺言が発端となり設立されました。男女共学で、プレップからシニアまで通学生・寄宿生がいます。元首相のトニー・ブレアや女優のティルダ・スウィントンもここで学びました。

女子のジャケット。ただし、授業中に着ることはほとんどありません。

制服

男子はスクール・カラーの赤紫とチョコレート色のストライプのジャケットに、チャコールグレーのズボン。女子はフェテス・タータンと呼ばれる緑・黒・青にスクール・カラーと白のラインが入ったキルトスカートに開襟シャツ。上にVネックのニットを着ることも。女子にも青地でポケットにスクール・カラーのラインが入ったジャケットがあります。男子は特別なイベントのときにはキルトを着用します。

女子はハウスごとに色の違うハチの形をしたバッジをつけます。赤、バーガンディー、紫、それに白い羽に緑と黒という、4種のバッジがあります。また、男子のプリフェクトは金と赤の特別なタイと、ジャケットと同じ素材のウエストコート、女子は特別なバッジを身に着けることができます。

キルトスカートにある白い刺繍は、彼女がホッケーの一軍チームのメンバーであることを示しています。

プレップ・スクールの生徒には学内用ジャケットはありません。プレップのＶネックのセーターは、男女とも、スクール・カラーの赤紫のラインがアクセントに入っているものが通常用、入っていないものがフォーマル用です。タイはスクール・カラーのストライプのものをつけます。

左／キルトの制服の後姿。後ろにプリーツが入っています。
右／シニア・スクールのフォーマルなキルト姿。自分の家のキルトがある場合はそれを着ます。スクール・キルトを選ぶのも可能。

Giggleswick School

≫ ギグルスウィック・スクール

学校

1512年創立。英国人の多くが愛する北ヨークシャーのカントリーサイドにある、ヨーロッパでも有数の歴史ある学校です。敷地面積は200エーカー、東京ドーム15個以上の広さで、ナーサリーからシニアまでの生徒が学んでいます。

学校には通学生と寄宿生がいますが、寄宿生もフルタイムだけではなく、生徒によって週3日や5日などにわかれた独自のシステムがあります。

ジャケットと同様に、セーターにもラテン語がデザインされた校章がついています。図書委員など、役割を持つ生徒は、その証のバッジをつけます。

制服

男女とも黒地に赤のストライプが印象的な校章つきジャケット。男子は白いシャツにタイ、女子は開襟シャツ。それぞれチャコールグレーのズボンとボックスプリーツのスカートです。男子の基本のタイは黒と赤の斜めストライプのスクール・タイです。

ジュニア・スクールでは男女とも校章つきの赤のVネックセーター、女子のスカートは白と黒のタータンチェックです。

The King's School

≫ ザ・キングズ・スクール

学校

学校の歴史は西暦597年にさかのぼり、聖アウグスティヌスが創設したとされています。カンタベリー大聖堂に隣接し、現在は男女共学(完全共学は1990年から)。過去には作家のサマセット・モームも在学しました。11歳から入学できるジュニア・スクールや留学生を数多く受け入れるインターナショナル・スクールも併設。

制服

黒のジャケットに男子は黒地に細いストライプの入ったズボン、女子はタイトスカートです。男子のシャツの襟に特徴があり、これは通常タキシードにボウタイをするとき合わせるタイプです。女子は襟元に校章入りの金色のバッジをつけています。

また、とくに優秀な生徒はこの制服の上にガウンを着用します。

学内でひときわ目立つ、紫色のガウンを着る優秀な生徒。彼らはガウンの色から「パープル」と呼ばれています。

カンタベリーにあるこの学校は、The King's School, Canterburyとも呼ばれます。

Loretto School

≫ ロレット・スクール

学校

1827年創立、エディンバラ郊外にある通学生と寄宿生のいる共学校です。学業・スポーツともに熱心で、とくにゴルフは2002年、学校にゴルフ・アカデミーが設立されました。ここには5歳から18歳までの青少年が参加しており、頻繁にゴルフ・キャンプが行われているほど。

学内には大英帝国勲章を受勲したゴルファーのサム・トーランスがオープンしたインドア施設もあります。

制服

創設者から学校を引き継いだアーモンド博士が深紅のジャケットを制服に選びました。男子はジャケットの下に白いシャツとグレーのズボン、女子は紺のスカート。ジャケットの下にＶネックの紺のセーターを着ることもあります。

シックス・フォームは赤いジャケットの襟の一部が濃紺のものになり、プリフェクトのシャツは他の生徒とは異なるストライプ柄です。

Mill Hill School

≫ ミル・ヒル・スクール

学校

1807年創立、ロンドン北部に位置する男女共学の学校。18世紀の植物学者ピーター・コリンソンの住んでいた家を学校が購入し、約20人の男子学生を寄宿生として受け入れたのが始まりです。卒業生には、1862年に起こった生麦事件の際、日本との交渉に関わった英国の外交官アーネスト・サトウがいます。また、日本の学校の生徒を交換留学生として受け入れるシステムがあります。

左ページの写真ではナーサリーの児童から、スーツ姿のシックス・フォーム生まで勢ぞろい。年齢による制服の違いを知ることができます。

制服

校章のついた紺のブレザー、白いシャツ、ストライプのタイ。男子はこれにグレーのズボン、女子は緑や赤、白の入ったタータンチェックの膝丈のキルトスカートです。

寒い時期にはジャケットの下にグリーンのＶネックのセーターを着ます。系列のプレップ・スクールは、シャツはブルー、セーターやカーディガンの色はグレー。女子の夏服にはワンピースもあります。

授業によっては、ジャケットを着ないこともあります。調理のクラスではジャケットを脱ぎエプロンを着用。
化学や技術・デザイン関係のクラスでは白衣を着て実験や作業を行います。

Queen Margaret's School

≫ クイーン・マーガレッツ・スクール

学校

20世紀初頭に創設された、キリスト教教育に基づいた女子のための寄宿学校です。校名は11世紀のスコットランド王妃、マーガレット・オブ・スコットランド（マルカム3世の2番めの王妃）にちなんで名付けられました。何度かの移転のあと、現在はヨークにあります。学業に加えてダンスにも力を入れていて、バレエやタップ、ヒップホップまで多彩なジャンルを学ぶことができ、人気があります。

シックス・フォームはこれらの制服を着る必要はありませんが、学校に適した服装を求められ、デニムパンツやフード付きパーカなどはNGとされています。

制服

グレーのジャケットに白の開襟シャツ、スカートは赤地に黒い格子のタータンチェックの膝丈のものです。ジャケットの下には赤いラインの入ったグレーのニットを着ることもあります。普段は黒いタイツですが、夏は黒いソックスに変えることもできます。

シックス・フォームになると多くの学校がそうであるように、きちんとした服装なら基本的に自由です。

Rugby School

≫ ラグビー・スクール

学校

人気スポーツ、ラグビー発祥の地といわれるのが1567年創立のこの学校。イングランド中部のウォリックシャー州にある英国でもトップクラスの名門校で、寄宿生中心の男女共学校です。『不思議の国のアリス』で知られるルイス・キャロルも在学していました。2022年には日本にインターナショナル校が開校予定。

制服

茶系の細かいチェックのツイード・ジャケットにチャコールグレーのズボン。女子は今では珍しいチャコールグレーのロングスカート。シャツは男女とも淡い色のもので、女子は体にフィットしたシャツをスカートの上に出して着ます。男子はタイ、女子はバッジ、プリフェクトは特別なタイとバッジをつけます。

Wellington School

≫ ウェリントン・スクール

ジャケットは襟とポケットのパイピングがアクセント。プレップ・スクール生は明るい水色のニットが印象的で、シックス・フォームの生徒は大人っぽいスーツ姿。

学校

1837年に私立の男子校としてサマセット州ウェリントンの町に創立。1972年から女子も入学できる寄宿制（一部通学制）の学校に。2000年からプレップ・スクールも併設されました。過去の在校生には、テレビシリーズ『名探偵ポワロ』の主演俳優デイヴィッド・スーシェや作家ジェフリー・アーチャーがいます。

制服

ネイビーブルーと明るい水色がスクール・カラー。それらを取り入れたジャケットとグレーのズボン、女子はネイビーブルー・水色・グレーを使ったタータンチェックのスカート。これはシニアの制服で、プレップ・スクールの生徒たちはジャケットのかわりに水色のセーター、スカートはジャンパースカートとなります。

Taunton School

≫ トーントン・スクール

学校

ロンドンの中心から鉄道で約2時間の英国南西部トーントンにあり、0歳児から受け入れるナーサリーからシックス・フォームまで学べる規模の大きい学校です。広大な敷地内に、複数のキャンパスと校舎を有しています。

英国内の各パブリック・スクールや欧米の大学に進むための海外留学生を受け入れているインターナショナル・スクール（プレップ）もあります。

制服

プレップ・スクール以上の生徒は、白いシャツに紺のブレザー、スクール・タイを着用します。女子は青を基調に、黒と黄色のラインが入ったタータンチェックのスカート（夏は水色のストライプ）。男子はチャコールグレーのズボンです。授業によってはジャケットなし、シャツの上にセーターだけになることもあります。シックス・フォームの男子はスーツ、女子はジャケットにタイトスカート等の組み合わせです。

Wells Cathedral School

≫ ウェルズ・カテドラル・スクール

学校

909年に創立された、ヨーロッパ最古の学校のひとつ。当時の記録には、ウェルズ大聖堂ができたときに作られた聖職者養成のための学校だとあります。ナーサリーからシニア・スクールまであり、1969年から完全な共学に。1970年代から音楽教育に特別に力を入れており、専門的なプログラムがあります。

制服

校章のついた濃紺のブレザーに、ダークグレーのズボン、スカートの組み合わせです。女子は濃紺のキュロット、膝丈スカート、場合によってはズボンも選べます。男子はタイをつけますが、女子はなし。授業はシャツにVネックのセーターで受けることがほとんど。ナーサリー、ジュニア、シニアでシャツの色も異なります。

ウェルズ大聖堂へと続く、ヴィカーズ・クロース（Vicar's Close）という石畳の道を並んで歩く生徒たち。

Windermere School

>>> ウィンダミア・スクール

学校

1863年にイングランド北西部カンブリアのウィンダミアに寄宿学校として設立。「ウィンダミア・セントアンズ・スクール(Windermere St Anne's School)」という名前でしたが、2010年から現在の名称に変更されました。湖水地方にあるこの学校には、王立ヨット協会のウォータースポーツ・センターもあります。

制服

女子は白とブルーのストライプの開襟シャツにネイビーのスカート。そしてストライプの「デッキチェア・ブレザー」と呼ばれる印象的なジャケット。これは、学校が昔海辺にあったことを思い出させるものです。男子は、白いシャツとスクール・カラーのネクタイ、校章のついたプレーンなネイビーのブレザーとグレーのズボンです。

英国の浜辺で見かける、はっきりしたストライプのデッキチェア（折りたたみ椅子）のような柄。それが「デッキチェア・ブレザー」と呼ばれるゆえんです。

Column

英国、学校制服の歴史

英国の学校制服のはじまり、そしてそれが一般的になったのは
いつ頃からだったのでしょうか。
また、英国の制服は日本の制服にも取り入れられていたのです。

英国の学校としてはじめに制服を定めたのは、もともとチャリティ・スクール*1だった1552年創立のクライスツ・ホスピタル（Christ's Hospital／P.12～）だとされています。聖職者の祭服に基づくデザインで、色は青でした。ただ、実際に多くの学校で制服が登場するまでには年月がかかり、19世紀初頭より前では制服のある学校は稀でした。

19世紀における、男子の学生制服

19世紀に入るまで、名門校や教会に紐付いたもの以外の学校はほとんどありませんでしたが、1830年頃から徐々に政府による公共教育への取り組みが始まっていきます。

1820年頃、名門寄宿学校では上流階級の子どもたちが身に着けている服装に基づいてドレスコードを定めました。当時、イートン・カレッジ（Eton College／P.62～）では身長5フィート4インチ（約162.5センチ）以下の男子にイートン・スーツ（あるいはイートン・ドレス）と呼ばれる服を導入。これはバムフリーザー・ジャケット（丈の短い男性用の上着）、グレーのズボン、糊をきかせた大きな白いカラー（襟。のちにイートン・カラーと呼ばれるようになった）に、トップハット（シルクハット）というスタイルでした。その他の寄宿学校も独自の基準を設けるようになり、都市のグラマー・スクール*2の多くでも、丈の短いジャケットとズボン、白いイートン・カラー、ボウタイ（蝶ネクタイ）かネクタイ、クリケット選手がかぶるような丸いキャップなどを

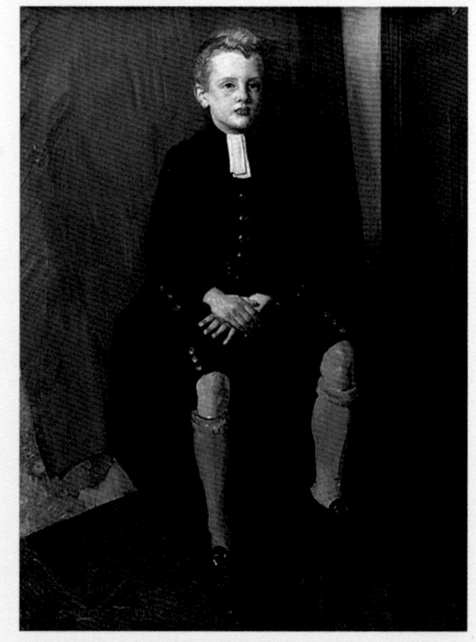

クライスツ・ホスピタルの制服を着た1905年生まれの作曲家、コンスタント・ランバート。

制服に定めました。

1870年の初等教育法により、イングランドとウェールズのすべての子どもたちが初等教育を受けられるようになりました。新興の学校の生徒たちは、一般的にニッカボッカ（ひざ下で絞った短いズボン）、黒のウールストッキング、革のブーツ、白いシャツと糊のきいたイートン・カラー、ラウンジジャケット*3かノーフォークジャケット*4を着用するように。このスタイルは1910年頃、エドワード朝の終わり頃まで続きます。一方、伝統的なグラマー・スクールの校長たちは新しい学校と差別化をはかるため、自校の生徒らに独自の制服を着せるようになりました。

20世紀、男子の制服のうつりかわり

第一次世界大戦が終わった1918年頃から、男子の一般的な制服に変化が訪れます。ニッカボッカは半ズボンに、黒のストッキングとブーツはソックスとシューズにかわります。

初等学校では正式な制服はなく、年少の男子はニットのセーターとフランネルの半ズボン、年長の男子はシャツ、タイ、ブレザー、グレーのフランネルの半ズボン、キャップを着用しました。さらに年長の男子は、ある身長や年齢に達すると、半ズボンを卒業してフランネルの長ズボンを履くようになります。徐々に、様々な学校がそれぞれ特徴のあるストライプなどを用いた衣服やタイ、キャップを取り入れるようになっていきます。

1944年、新しい教育法により中等教育が無償となり、義務教育の終了が15歳に引き上げられましたが、1920年代から20世紀後半に入るまで、男子の制服にほとんど変化はありませんでした。

女子制服の歴史

一方で19世紀をとおして、女子は一般的に制服を着ることはなく、学校で体操や団体スポーツをするための機能的な衣服が発達しました。伸縮性のあるジャージーやゆったりしたブラウス、膝丈のスカートかブルーマーズなどです。19世紀の終わりまでには、この実用的なスポーツウェアが一般的な制服となりました。

20世紀に入ると、14歳以下の初等学校の女子は流行に従った衣服を身に着け、ゆったりとしたふくらはぎ丈のスモックの上にエプロンをつけましたが、1920年代に、丈が短めのシフトドレス*5となりました。年長の生徒は、第一次世界大戦より前にはふくらはぎ丈のシンプルなスカート、シャツとタイ姿が増えました。

また、女子はもともと体操やその他のスポーツで着ていたジムスリップ*6が1920年代までに制服の主流となり、ブラウスやタイとともに着用されました。一部の学校ではこの組み合わせが1960年代まで続きます。

1960年代になると、英国の私立などでは学校独自のカーディガンやセーター、ブレザーに、スクール・カラーのリボンつきのフェルト帽や麦わらのボーター・ハット*7などを採用する学校もありました。

現在ではジムスリップに近いジャンパースカートは、プリ・プレップの女子に多くみられる制服で、それ以上の年齢はシャツにキルトタイプの制服が主流です。ジェンダー問題にも関連して、女子がズボンを選択できる学校が多数あります。

日本の女子制服との関係

1919年に東京の山脇高等女学校（現・山脇学園）が、日本初の洋装の制服を取り入れました。それは英国の女学生スタイルを参考にしたもので、白い襟とカフスのついた紺のワンピース・スタイルでした。山脇学園では寒暖や季節に合わせて制服が選べる「季節自由制」を導入していますが、その中の第一制服は現在も、100年にわたってほぼ変わらないそのワンピースです。

また、写真にあるジムスリップに近い形の制服は1930年代、東京女子高等師範学校（現・お茶の水女子大学）の標準制服として登場しました。その後、1970～80年代の公立中学校でも、これに似たジャンパースカートと白いシャツ、という組み合わせの制服を取り入れるところが多くありました。

1950年代、ジムスリップの制服を着た女生徒。

＊1　チャリティ・スクール
ブルー・スクールとも呼ばれた。もともとは、教会が貧しい家の子どもを教育するためにそれぞれの教区内で作られた学校。慈善団体の寄付などによって制服も賄われた。

＊2　グラマー・スクール
特別な試験にパスすれば入学できる公立校のなかの進学校だったが、今はグラマー・スクールという名前が校名の一部に残る私立校がほとんど。

＊3　ラウンジジャケット
スーツが必要ではない場面で着用する日中の上着。

＊4　ノーフォークジャケット
前身頃と後身頃にボックスプリーツが入ったルーズなジャケットで、共布のベルトを締める。スポーツ用で、もともとはシューティング（射撃）用の上着。

＊5　シフトドレス
まっすぐなシルエットでバストのあたりにダーツ（立体感を出すために布をつまんで縫う手法）が入っているワンピース。

＊6　ジムスリップ
ジャンパースカートの一種。英国では1950年代の典型的な女子の制服。

＊7　ボーター・ハット
もともとは船（ボート）の漕ぎ手のために作られた男性用の帽子。フチがあり、てっぺんが平らになっている。

Column

スコットランド、キルトのユニフォーム

キルトは、スコットランドの民族衣装です。冠婚葬祭はもちろん、スポーツの試合でスコットランド・チームを応援するためにキルトを着て出かける人も多いのです。そして、スコットランドには、スクール・キルトを持つ学校もあります。

スコットランド男子の正装は、もちろんキルト。学校でもイベントやパーティーのときにフォーマルウエアとして着用します。日本でいう家紋のような存在で、自分の家のタータン柄のキルトを持つ生徒はそれを着、それ以外はスクール・タータンのキルトを着ます。普段の制服は、男子はダークカラーのスーツ、女子はジャケットやセーターにスクール・タータンのキルトスカートという学校が多いです

が、学校のパーティーでは女子はそれぞれ好みのドレスを着、男子はタキシードのかわりにキルトの正装で現れます。

また、学校にバグパイプバンドがある場合、男女とも生徒はキルト姿で演奏します。これがユニフォームで、ジャケットとキルトのみ貸与されます。日本ではなかなか見かける機会はありませんが、学生のキルト姿はなかなか凛々しいものです。

イベントに登場した公立校のパイプバンドのメンバーたち。

学生のすがすがしいキルト姿。

Feature

Harrow School

≫ ハロウ・スクール

学校

イートン・カレッジと並ぶ、英国の名門男子校。1572年に地元の名士ジョン・ライオンが、エリザベス1世から設立勅許状を授与され設立。自らの資産を基金とし、地域の子どもたちのために始めた学校でした。

英国でもっとも有名な首相、ウィンストン・チャーチルの出身校でもあり、彼を含め輩出した首相の数は8名。詩人のバイロンや、俳優のベネディクト・カンバーバッチもハロウ・スクール出身です。映画『ハリー・ポッター』シリーズのロケにも使われました。また、英国外に兄弟校がいくつかあり、日本校開校の予定も。

制服

紺のジャケットにグレーのズボン、黒のタイ、そして紺のベルトが巻かれたストローハットが制服。この基本の制服に加えて、サンデー・ドレス（Sunday Dress）という服装があります。これはテイルスーツで、日曜の礼拝時と、特別な学校行事で着用します。また、ギルド（Guild）やフィラスティック・クラブ（Philathletic Club）と呼ばれる優秀なメンバーのみ、それぞれシルバーと赤のウエストコートとボウタイが授与されます。さらに彼らのトップに値するモニター（Monitor）は黒のウエストコート、ボウタイに加えシルクハットとステッキを持つことができます。

基本はジャケットとズボンの組み合わせに、ストローハット。ジャケットに校章はありません。

ミュージック・スカラーは赤いウエストコートを着ます。演奏のためジャケットを脱いでいます。

ハロウ生は学校のフォーマルなイベントのとき、テイルスーツを着ます。モニターと呼ばれる特別な生徒は、さらにステッキやシルクハット（これらは自前で、結構良いお値段らしい）をかぶります。

K・Sさん（P.60 〜）私物のタイ。左はオールド・ハロヴィアン（Old Harrovian）つまり、卒業生のみが持つことのできるタイ。右は「ロング・ダッカー（Long Ducker）」と呼ばれ、毎年ウェンブリー・スタジアムから学校まで10キロを走るマラソン大会で、倍の距離20キロを1時間30分以内で走った生徒だけが着用を許されます。20キロに挑戦できるのはシックス・フォームの2学年のみ。

購入時は柔らかい手触りのストローハットに自分でニスを塗り、固めます。

かぶりが浅く、走ると脱げてしまうので帽子についたゴムバンドを髪に掛けます。

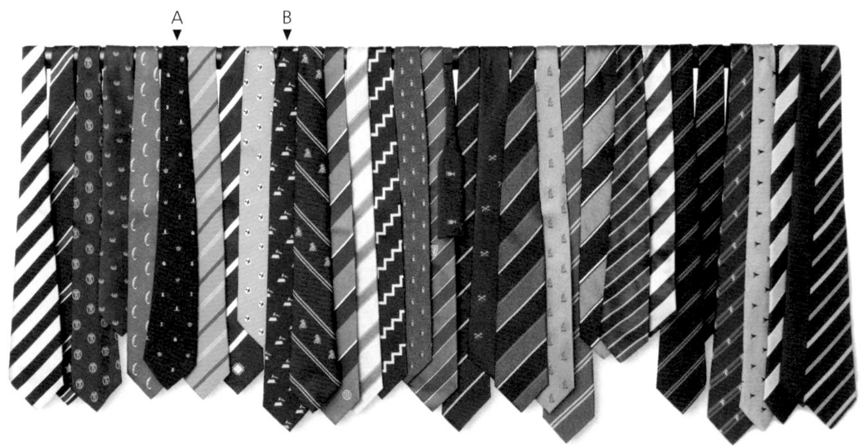

ハロウ・スクールのタイは今わかるだけでも87種類を超えるとか。優秀と認められたスカラーやモニター用のほか、所属するソサエティから着用を許されるタイなど。たとえばAはチェスのソサエティのものですが、よく見るとチェスの駒を思わせるデザイン。Bのディベート・ソサエティ（日本でいうと弁論部、討論部）のタイは、ガヴェル（Gavel）と呼ばれる木槌がデザインされています。

＊下段のネクタイの写真は"Follow Up!"（ハロウ・スクールの卒業生に送られる学内報）より。／Source: "Follow Up!" Magazine

ハロウ・スクール スカラーの装い

ハロウ・スクールのスカラーもまた、一般の生徒とは異なる装いをします。
特別な色のウエストコートがその証です。ハロウ・スクールのスカラーだったK・Sさんに、
スカラーについて、またその装いについて聞きました。

―― 制服の印象はいかがでしたか？

購入時に試着しましたが、ブカブカで着慣れていないのもあって、コスプレみたいだなと思いました。とくにサンデー・ドレス（Sunday Dress）*1を着たときは気恥ずかしかったです。

ハロウハットは、帽子の後ろについているゴムバンドを髪に引っ掛けて前に傾けて被るのですが、慣れるまではよく落としてしまっていました。欠けやすい素材なのでニスを塗って補強するのですが、落としたり雑に扱ったりしたのでクラウン（帽子の山の部分）がパカパカと缶の蓋のようになり、ブリム（つば）部分が欠けてボロボロになったので、買い直しました。

―― スカラーの候補になったり、選ばれたときはどのように告知されたのですか？

スカラーにもアカデミック（学術）、ミュージック、スポーツ、アート、オールラウンダーと色々ありますが、入学前のプレップ・スクール時代に、スカラーでの入学を目指すクラスで校長先生から「ハロウのスカラーのテストを受けないか？」と打診されました。一般的な入試で受けるコモン・エントランスというテストとは別に学校独自のテストを受けて合格すれば スカラーとしてハロウ・スクールに入学できます。

僕はバイオリンでミュージック・スカラーのテストを受けました。試験内容は実技とViva-Voce（口頭試験）でした。僕の場合はバイオリンしか弾けないのでスカラーではなく、エキシビショナーという準スカラーでした。アカデミック・スカラーも入学前にアカデミック・スカラー用の試験（数学、化学、物理、生物、英語、フランス語、ラテン語、歴史などの科目）を受けて合格しなければなりません。

僕は入学後GCSE*2というYear11で受ける統一試験で良い成績を取れたので、最後の2年間はアカデミック・スカラーになることができました。準スカラーに合格したときもアカデミック・スカラーになったときも、自分の努力が認められた結果なので嬉しかったです。

―― スカラーの特権、そして義務にはどん

K・Sさんは、日本の私立小学校から親の転勤に伴い英国へ。ロンドンのプレップ・スクールに入学したのち、学校からのすすめもあり、ハロウ・スクールを受験し入学。その後、オックスフォード大学へ進学。

なものがありましたか？

特権には、国際コンクールなどで優勝経験などがあると学費の全額免除などもありますが、普通は5%の免除や、音楽のレッスン費が免除になるくらいです。義務はミュージック・スカラーの場合、学校の行事やコンサートにオーケストラの一員として、またはソロで演奏することと、もちろんその練習に参加しスキルアップすることです。

―― スカラーはほかの生徒と服装が異なるのですか？

スカラーに特別な制服はありませんが、最終学年ではスポーツや芸術が優秀で、選ばれた生徒が特別なベスト（ウエストコート）とボウタイを着用できます。スポーツで選ばれた生徒はフィル（Phil／フィラスティック・クラブの略称）、芸術の優れた生徒はギルド（Guild）と呼ばれます。フィルはグレー、ギルドは赤のベストを着用します。僕は残念ながらギルドには選ばれませんでしたが、ギルド・カラー（準ギルドのようなもの）をいただけたので、赤い色のベスト着用を許されていました。

―― シルクハットやステッキを持つのはどんな生徒ですか？

シルクハットやケーン（Cane／ステッキ）は、最終学年で生徒と先生の推薦で選ばれたモニター（Monitor）と呼ばれる生徒が持つことを許されます。ヘッド・オブ・ハウス（Head of House／寮の代表）や、リーダーシップがあり学校での様々な活動を認められた生徒が選ばれます。

＊1 サンデー・ドレス　晴れ着のこと。ハロウ・スクールではテイルスーツ。日曜の礼拝や正式な学校行事、コンサートで着用する。

＊2 GCSE 義務教育終了時（15～16歳）に受ける統一試験で、大学進学に必要。詳しくはP.5～6の表1参照。

Feature

Eton College

»» イートン・カレッジ

学校

英国のパブリック・スクールの代名詞のような存在として知られるのがイートン・カレッジです。

1440年にイングランド王ヘンリー6世が創立したこの学校は、エリザベス女王の公邸であり、ヘンリー王子が結婚式を挙げたウインザー城のすぐそばにある、全寮制男子校です。

ウィリアム王子やハリー王子をはじめとする国内外の王族や、数多くの歴代首相、また日本でも人気のエディ・レッドメインやトム・ヒドルストンなど有名俳優らが卒業した学校としても知られている、超名門校です。

かつて同じハウスで生活をともにした同級生たち。

制服

学校制服は、テイルスーツ（燕尾服）という他に例を見ない紳士然たる服装で驚かされます。長い歴史の中で、若干のモデルチェンジがあったものの、現在は白いシャツに、スティック・アップ（Stick-Up）と呼ばれるタイ、そしてテイルコート（いわゆる燕尾服の上着）とストライプのズボンを着用します。暑い季節でも教師の許可なしには上着を脱ぐことは許されません。とくに学力が優秀な選ばれし生徒であるキングズ・スカラー（King's Scholar）*1 はガウンを着用。他にもプリフェクト（Prefect）*2 と呼ばれる監督生はズボン、タイなどが一般の生徒とは異なります（P. 72～参照）。

*1、*2：P.68～69参照。

イートン・カレッジの先生に聞く、制服のお話

テイルスーツの制服といえば、イートン・カレッジ。
実は、その制服にも微妙な違いがあり、選ばれた生徒は特別なものを
身に着けることができます。これについて、イートン・カレッジで
学生寮のハウス・マスター（House Master／寮長先生）を
13年間務めたポール・B・スミス先生にお話を聞くことができました。
先生の装いも、学校で決められたフォーマルなスタイルです。

イートン・カレッジ独自の用語（＊）はP.68〜69を参照。

ハウス・マスターの役割

── ハウス・マスターといっても学内では学科授業も受け持ち、生徒とさまざまな場で密接なかかわりを持つとのことですが、具体的にはどんな立場で、何をするのでしょうか。

“In loco parentis”というラテン語のフレーズがあるのですが、この言葉がすべてを表していると思います。これは「ハウス・マスターはデイム（Dame／寮母）とともに、生徒の親代わりになる」という意味です。

学生が暮らすハウスのひとつ。

私にとって、この仕事の喜びとは、多角的であること。たとえば、デイム同様、精神的指導者の立場から、すべての生徒が幸せで、健康で、立派な人間に育つようにと見守ることは重要な任務です。それぞれの立場から、日常的に生徒たちと交流し、彼らが健やかに過ごせているかどうかを確かめます。そのなかで、彼らのほうから躊躇なく我々に話しかけることができるように、良い人間関係が築けるよう努力します。もし生徒が学業で問題を抱えたら、家族同様、事態が改善するよう励まし、応援します。また、大学の進路で迷っている生徒がいれば、ご両親も含め、ベストな選択肢について助言することもあります。

一方で、スポーツもイートン・ライフでは大きな役割を果たすので、私は多くの午後をグラウンド上で過ごしました。プレ

スミス先生は、現在は学科の先生としてイートン・カレッジに勤務されています。

イを観戦するのはもちろん、レフェリーも務めます。ハウス・マスターやデイムが、音楽や演劇のパフォーマンスを応援する姿も頻繁に見られます。

新入生の制服

―― テイルスーツは独特な作りをしているので、新入生が着こなすのは難しいのではないですか？

たしかにそれを心配する子もいますが、指導してくれる上級生や、ハウスのスタッフなど、いつもどこかに助けてくれる人はいます。

―― では、新入生が気をつけることは？

保護者の方には制服を2セット買ってもらいます。2週間ごとに1セットがドライ・クリーニングされるためです。

そして生徒はそれぞれ、必ず"正装(フォーマル・チェンジ／Formal Change)"を持っていなければなりません。これはブレザー、チノパン、通常のネクタイの組み合わせです。他校にスポーツ遠征をする際はこのセットを着用します。対照的に、ハウスでリラックスするときの"普段着(カジュアル・チェンジ)"は各自好きなものを着られます。つまり、制服にもTPOがあるわけです。

特別な生徒たちの、特別なアイテム

——シックス・フォーム・セレクト（Sixth Form Select、以下SFS）*3やポップ（Pop）*4は、一般的な生徒とは異なる装いがあると聞きました。まず、彼らはどうやって選ばれるのでしょうか。

SFSは名誉ある監督生（英国ではプリフェクト／Prefectなどと呼ばれることが多い）の集団で、おもに成績によって決められます。彼らは一貫して最高レベルの学業成績を収め、スカラー（Scholar）*5という称号をもらっています。つねに高いリーダーシップが求められ、規律上もクリーンでなければなりません。つまり、重要な任務を任せられるだけの常識と可能性を持ち合わせているのです。

卒業生の写真を見ながら学校生活について語る先生。

SFSはヘッド・マスター（Head Master／校長先生）の業務も手伝います。生徒に罰として居残りを課したり、"ザ・ビル（The Bill）"を言い渡したりすることもできます。"ザ・ビル"とは、不品行な行いをした生徒がヘッド・マスターやローワー・マスター（Lower Master）*6に面談しにいくことを指します。また、SFSは伝統である"スピーチ（Speech）*7"にも参加します。こうして様々な役割が与えられるので、成績が良いうえに、信頼性の高い生徒でなくてはなりません。その栄誉のしるしとして、彼らはスティック・アップ（Stick-Up／蝶ネクタイ）を着用し、ウエストコートに銀のボタンをつけることができます。

——では、ポップは？

ポップもある意味似たような存在ですが、選出の仕方がより幅広いです。ポップを選ぶのは学校のスタッフたちで、卒業していくメンバーからも助言を受けます。この監督生集団に加わるに値する生徒を推薦するチャンスは全員にあるので、最初の候補者リストにはたくさんの名前が挙がりますが、最終的に25人にまで厳選されます。ポップになると、カラフルなウエストコートとスティック・アップを着用することができます。

——そのふたつのグループが、特別なアイテムを身につけられるのですね？

制服に関しては、ほかにも様々な組み合わせがあります。ハウス・キャプテン（House Captain／寮の生徒代表）はスティック・アップとともにグレーのウエストコートを着ます。ゲーム（Game）*8のキャプテンたちもスティック・アップを授与されます。

ほかにもスティック・アップを着用できるポジションがいくつかあります。たとえば、カレッジ・ウォール（College Wall）*9の“キーパー”。これはウォール・チームのキャプテンのことです。フェンシングのキャプテンも同様。キーパー・オブ・コレクション（Keeper of Collection）*10になった生徒もスティック・アップを身に着けることができます。夏の間、白いズボンを履いている生徒を見かけたら、彼はボート部ファースト・エイト（First Eight／一軍メンバー）の一員です。また、カレッジのキングズ・スカラーたちはガウンをまとっています。

それぞれのハウスにも特定のカラー（Colours）*11があります。スポーツの大会によっては、ハウス・チームごとにその色のシャツを着ます。また、生徒がハウスや学校を代表するスポーツチームに参加する際には、カラーを取得することができます。その場合は通常、その色のソックスを履きます。

ハーフ・チェンジについて

——先ほどのお話では「フォーマル・チェンジ」と「カジュアル・チェンジ」があるとのことでしたが、そのほかには？

夏場の暑さが厳しいとき、ローワー・マスターの許可が出れば“ハーフ・チェンジ（Half Change）”が可能になります。午後になったら重いテイルスーツとウエストコートを脱ぎ、ブレザーを着てもよい。もしくは、スポーツ関連のカラーを持っていたらそれを着てもOKということです。ただし、認可を受けたブレザーでなければなりません。この時期、生徒たちが校内を動き回るさまは、冬場のモノクロームに比べ、色とりどりで壮観です。

イートン・カレッジ用語集

イートン・カレッジで用いられる用語を解説します。
学校独特のものから、ほかの学校でも使うものまで、さまざまです。
(P.62 ～ 67の＊1 ～ 11と対応)

＊1 キングズ・スカラー
(King's Scholar)

入学前に特別な試験を受けて合格し、スカラー＊5の称号を得た成績優秀者のうち、学校中心部の校庭に面した寮(カレッジ/College)に住む生徒たちのこと。毎年、1学年に14名程度。

イートン・カレッジでは、スカラーの称号を得るには2種類の機会がある。

① 入学前の特別な試験(King's Scholarship Examination)を受けてトップ14名程度に入ること。

② 入学後の学期末試験で「優秀(Distinction)」の評価を何度も取得すること(何度取得すれば良いのかについては規定がある)。

このうち、②でスカラーを獲得した場合は、オピダン(Oppidan)、つまり校庭外の寮に住むスカラーとなり、OS(Oppidan Scholar)と呼ばれる。

①でスカラーになると、通常はキングズ・スカラー(King's Scholar)となり、KSと呼ばれる。しかし、入学前の特別試験に合格した生徒でも、カレッジよりも校庭の外にある寮に住むことを望み、OSになる生徒もいる。

なお、生徒が最終学年に進級する時期、その学年のSFSが選ばれる際には、その学年のKSとOSを合わせた数十名のなかから、その時点でもっとも優秀な24名程度がSFSとなる。

＊2 プリフェクト
(Prefect)

イートン・カレッジにおけるプリフェクト(Prefect)は、学校の上級生のうち、先生たちから選ばれて学校での用務の一部を担ったり、下級生の指導をしたりする生徒たちのことで、Sixth Form Select(シックス・フォーム・セレクト)＊3とPop(ポップ)＊4の2種類がある。

＊3 シックス・フォーム・セレクト
(Sixth Form Select)

最終学年のスカラー(Scholar)＊5から選ばれた監督生集団。

＊4 ポップ
(Pop)

正式には「イートン・ソサエティ(Eton Society)」と呼ばれる監督生集団。ポップは1811年に討論を目的とする会(Society)として設立されたが、後に生徒会のひとつ(Prefectorial Bodyの項を参照)となった。また、ポップという名前の由来は定かではないが、その会のための部屋があった場所の名前である"Shop"を意味するラテン語の"Popinia"に由来すると思われる。

プリフェクトリアル・ボディ
(Prefectorial Body)

この"Body"は、ここでは「集団」を意味する。あえてひとことで言えば「生徒会」となるが、イートン・カレッジではPrefectorial Bodyは複数ある。

＊5 スカラー
(Scholar)

英国の学校におけるスカラーシップ

(Scholarship) という言葉は、とくに伝統校で使われる場合、「スカラー」という称号自体、およびそれに伴う名誉を指す。金銭的な褒賞を指す場合もあるが、せいぜい授業料の10%割引くらいで、それほど大きくなく、また最近では割引制度自体がなくなる傾向にある。日本語でいう奨学金およびそれをもらう生徒を指す単語は、イギリス英語ではバーサリー (Bursary)。

*6 ローワー・マスター
(Lower Master)

イートン・カレッジの5学年のうち最初の3学年について責任を負う先生で、かつ、学校全体の方針についても校長先生の補佐を担う先生のこと。日本でいう教頭のニュアンスに近い。

*7 スピーチ
(Speech)

ひとことで言えば“シックス・フォーム・セレクト（以下SFS）*3による発表会”。先生から与えられた抽象的なテーマを、SFSたちが解釈して、創意工夫して知的にスピーチで表現する。メンバーたちは、話し合ってスピーチ全体の構成や流れを決める。昔の詩人や政治家の有名なスピーチを再現する生徒もいれば、自分で考えたスクリプトを話したり、歌や寸劇を交える生徒もいて、そのトピックを知的に、そして聞く人にとって興味深い内容となるよう表現する。

イートン・カレッジでは、このSFSのスピーチは重要なイベントである。昔は、優等生であるSFSに、校長先生が直接教授する時間があり、そこでは知識の伝授よりも、先生と生徒との間の知的な営みが重視されていた。現代では、授業は各教科担当の先生に任されているが、それでもSFSが学校を代表する知的な集団であるという側面は引き続き重視されており、それを端的に表す行事が、スピーチという行事なのである。

*8 ゲーム
(Game)

スポーツのこと。ゲーム・キャプテンはハウス間で行われるスポーツの際の責任者。

*9 カレッジ・ウォール
(College Wall)

イートン・カレッジには、校内の壁に沿ってスクラムを組んで戦うウォール・ゲーム (Wall Game) という学校独自のスポーツがある。秋に開催される試合では、校庭に面したハウスであるカレッジ (College) に住む生徒で構成されたチームと、校庭外のハウスに住む生徒であるオピダン (Oppidan) で構成されたチームが戦う。前者のチームがカレッジ・ウォール、後者はオピダン・ウォールと呼ばれる。

*10 キーパー・オブ・コレクション
(Keeper Of Collection)

学校の所有する美術品や稀覯本などのコレクション管理およびアート・ギャラリーのキュレーションに携わる者のこと。

*11 カラー
(Colours)

軍や学校などで、名誉や伝統あるグループや地位に属したり、快挙を達成した場合に授与される着用品（ネクタイ、ユニフォーム、上着など）や旗のこと。それらには決まった色や模様があり、その色や模様のこと自体をカラーと呼ぶこともある。イートン・カレッジにもカラーが各種ある。学校自体に王室から軍旗 (Military Colour) が授与されており、ハウスにもそれぞれ独特の色や模様の旗がある。学校全体を代表するスポーツチームにも、ユニフォームやブレザーという意味でのカラーがある。また、ハウス単位のスポーツチームにもカラーがあり、イベントの際には、生徒たちは所属しているハウスの旗と同じ色の靴下を履く。

Feature Eton College

一般学生の装い

イートン・カレッジの制服は、テイルスーツ。
生徒は13歳の入学時から5年間、この制服を着て過ごします。
この伝統ある制服について、卒業生のR・Oさんの協力を得て紹介します。

テイルスーツ

成長を考え、入学時は大きめのものを購入。上着の袖やズボンの裾など、6センチくらい丈出し可能なものにする生徒が多い。

無地の上着に対し、ズボンには細いストライプが入っています。

テイルスーツは意外と動きやすく、見ためよりも軽いそうです。ただし暑いときは大変。テイルコートは先生の許可なしでは脱げません。

タイ

イートン・カレッジの制服のタイはかなり特徴的です。シャツにのせたカラーの中心部に、細長い布を巻き付けて留めます。これは、フラップ・オーバー・タイといいます。カラーもタイも糊をきかせます。

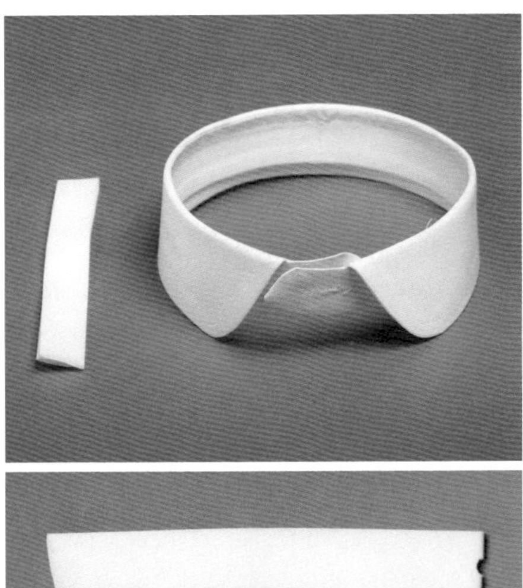

右上の真っ白いカラーに、細い長方形のタイを巻きます。テイルスーツにこうしたタイを合わせるのは、イートン・カレッジの制服くらいではないかと思います。

ウエストコート

日本でいうベストのことを、英国ではウエストコートと呼びます。前面は黒のウール、後ろ側はサテン地のもので、背面には幅を調節できるベルト状のものがついています。

シックス・フォーム・セレクトの装い

イートン・カレッジのなかでも、とくに優秀と認められた生徒は、
一般の生徒とは異なる制服を着ます。
スミス先生のお話（P.66）にも出てきた、
シックス・フォーム・セレクト（Sixth Form Select、以下SFS）となった
日本人生徒、J・Eさんに、制服にまつわるお話を聞きました。

── イートン・カレッジの制服はかなり珍しいものだと思いますが、制服の印象は着る前と入学後では変わりましたか？

制服自体は確かに珍しいものですが、数日間着たところで周りの学生も同じ服装なので、すぐに慣れました。着るのが難しそうだというのが第一印象でしたが、これも同じく、入学後一週間くらい経ったら、朝食前に階段を駆け下りながら服装を整えられるようになりました。着心地は、制服が少し大きかったということくらいしか覚えていません。成長期なので、みんな最初は大きめのものを買います。

── SFSの候補になったり、選ばれたときはどのように告知されたのですか？ また、選ばれた理由はどんなことだったと思いますか？

SFSの候補かどうかは基本的に知らされないので、選ばれるときまではわかりません。告知のタイミングはポップ（P.68参照）と同じく夏学期の中間休み前（4年生の3学期目）で、選ばれたメンバーには公表発表の前夜に手紙が送られ、当日にはスクール・オフィス（School Office／学校事務局）前にメンバー表が張り出されます。

SFSは先生たちが選ぶので、具体的な選考方法は知らないのですが、大雑把な言い方をすれば、最終学年（5年生）で成績が上位な人です（20人程度）。ただし、校則違反が多い生徒は成績が良くても選ばれていませんでした。

── SFSの特権、そして義務にはどんなものがありましたか？

SFSはポップと違い実務が多いわけではなく、どちらかといえば伝統的な側面が強いです。ですので、ポップのようにメンバーのみが入れる場所などはなかったです。しかし歴史的には、学校内の一部の芝生にSFSのメンバーしか歩けないという場所がありました。これが校則

J・Eさんは、東京の区立小学校から8歳でオックスフォードにあるプレップ・スクールに留学。11歳のときにイートン・カレッジの試験（Pre-test）を受験、入学オファーを受け、13歳のときに本試験に通って入学しました（ご本人曰く、「一番オーソドックスなイートン入学方法」だそう）。2020年現在、ケンブリッジ大学在学中。

で決められているというのは聞いた話でしかないので、事実かどうかはわかりませんが、現在ではこの校則は守られていません。多分ほかにも、このように執行されていない古風なルールはあると思います。

―― SFSは特別なウエストコートを着るそうですが、それを着はじめるタイミングはいつでしたか？

銀ボタンのウエストコートを着はじめるのは、5年生が始まるときです。

―― ウエストコートはどこで購入したのですか？ オーダーメイドでしょうか？

オーダーメイドではありません。イートンの町には何軒かイートン制服関連の衣類を売っている店があり、私はそこに行って購入しました。

―― ボタンは本物のシルバーなのでしょうか？

本物のシルバーではありません。

―― SFSが身に着けるズボンやシャツは、ほかの一般生徒と同じですか？

ポップには一般学生とは異なるアイテムがほかにもありますが、SFSのズボンとシャツはほかの生徒と同じです。

SFSは、スティック・アップ（Stick-up／白の蝶ネクタイ）を身に着けることができます。最上級生であり、学校でポジションを持っている人がこれを着用できます。このポジションとはSFS、ポップ、スポーツチームのキャプテンなどのことです。最近は着用可能なポジションが増えている傾向なので、スティック・アップ自体は最上級生の大半が着用しています。

イートン・ソサエティ（ポップ）の装い

イートン・カレッジにはイートン・ソサエティ（通称ポップ）という、
最終学年の250人中25名だけが選ばれる、特別な生徒のみができる装いがあります。
ここで紹介する衣装は元ポップの日本人卒業生のものです。

テイルスーツ

一般学生のテイルコートと酷似していますが、
襟や袖口などにヘム（ふちどり）があります。

テイルコートの後ろには
ボタンがふたつ。形は一
般学生のものと同じです。

ズボンは
千鳥格子柄です。

一般学生とは違うズボン
の色と柄。遠くから見ると
白っぽいので認知しやす
く、すぐにポップとわかる
特徴のひとつです。

INTERVIEW
イートン・ソサエティ（ポップ）になるということ

── R・Oさんがポップに選ばれたとき、どのように告知されたのですか？

スクール・オフィス（School Office／学校事務局）にあるハウスのボックスに手紙が届きます。そのときはたまたまスポーツの試合で出かけていたため、ハウスに戻ったら、先に知ったみんなにお祝いをされて知りました。

── 選ばれたのはどんな理由からだったと思いますか？

ホッケーやサッカーのキャプテンを務めていたため、そこでのリーダーシップを認められたか、課外活動──キーパーズ・オブ・コレクション（P.69参照）という学内の美術品に関する特別な仕事や、学内誌“The Lexicon”の編集長など──を色々とやっていたことが評価されたからかもしれませんが、他薦なのではっきりはわかりません。もちろん選ばれたときはとても嬉しかったです。

── ポップの特権、そして義務にはどんなものがありましたか？

ポップ専用のPop Roomというものがありました。そこはプライベートクラブのようなもので、歴代のポップの写真などが飾ってある特別な部屋です。また学校行事において、学内外の方々と接する際に、双方をつなぐ重要な役割を担います。校長先生と直接お話しする機会も定期的にあります。

R・Oさんは、東京のインターナショナル・スクールを経て、9歳でスイスのプレップ・スクールに編入。10歳で英国のプレップ・スクールに編入したあと、イートン・カレッジの試験に合格し、入学。2020年現在はオックスフォード大学在学中。P.70～71、74～77の制服はすべてR・Oさんの私物。

ウエストコート

他の生徒と最も異なるのがこのウエストコート（ベスト）。好きな柄を選べます。かつてポップだったウィリアム王子はユニオンジャック柄のウエストコートを着ていました。

自身の名前にゆかりのあるドラゴン柄の生地を探して作ったウエストコートです。

複数持つことができるウエストコート。日本で家紋を刺繍した生地を使っています。このウエストコートの第一ボタンはアンティークのものを選んだそう。海外の王室出身のポップは、自国の国旗柄にすることもあります。

この生地は日本で選び、ロンドンに持ち込んだそう。

素敵なバラの模様の生地。後身頃の生地もバラと合わせた赤がお洒落です。すべてのウエストコートはメイフェアの老舗で仕立てたとのこと。

タイ

スティック・アップと呼ばれる白いボウタイ（蝶ネクタイ）は、イートン・ソサエティと、シックス・フォーム・セレクトのプリフェクト（いずれもP.68～69参照）のほか、スポーツチームのキャプテンなども着用します。

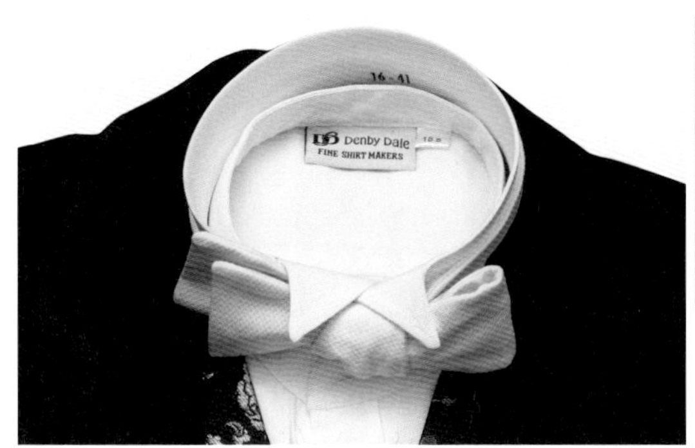

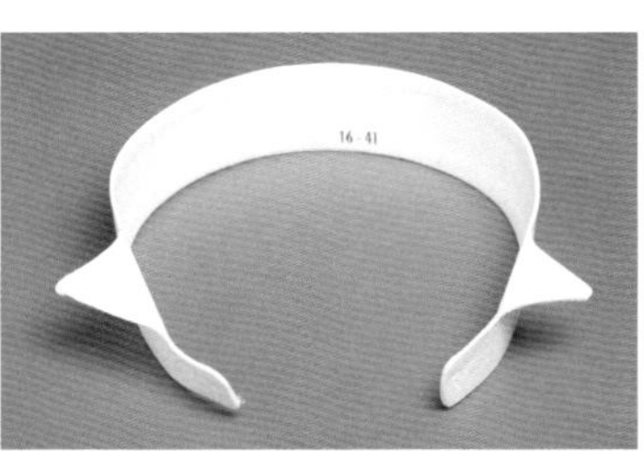

スティック・アップもシャツのカラーも、ぴしっと糊付けされていないと決まりません。これは学内の洗濯施設の、さらに特別な部門で糊付けしてくれるのだそうです。

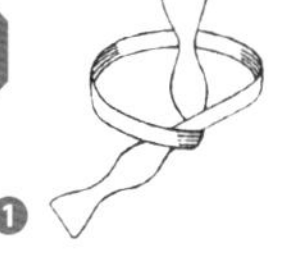
❶

❷

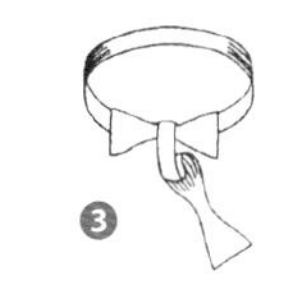
❸

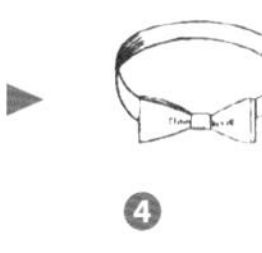
❹

Feature Eton College

イートン生御用達の店

にこやかに対応してくれた、店主のタフィー・カザンさん。「新学期が始まるのは9月なので、夏休み前になると入学準備の親子の来店が多く、かなり忙しいです」。

イートン・カレッジには学校推奨の店があり、制服やシャツ、カラー、タイといった小物、さらに制服以外のフォーマル・チェンジ（P.65参照）のための服までひとつの店で調達できます。

ウェルシュ・アンド・ジェフリーズ（WELSH & JEFFERIES）は、店を構えて150年の洋装店。学校そばのハイストリートにあり、購入後のアフターケアもしてくれる人気の店。店内には様々なサイズのテイルスーツがずらり。

WELSH & JEFFERIES
welshjefferieswetherilleton.com/

きれいな色合いのジャケットとパンツはフォーマル・チェンジとして着るもの。清潔感があり爽やか。

スポーツで優秀な成績を収めた生徒が着るジャケットも用意されています。

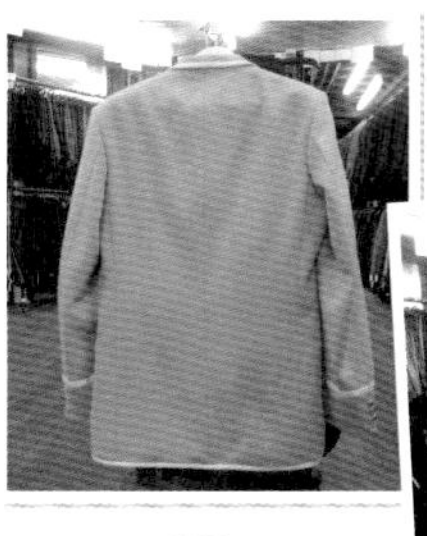

ボート部の一軍選手用のスポーツ・ジャケット

制服の上に着る、冬のコートです

テイルスーツの制服は生徒以外買えませんが、ボウタイやソックスなどは一般客も購入できます。

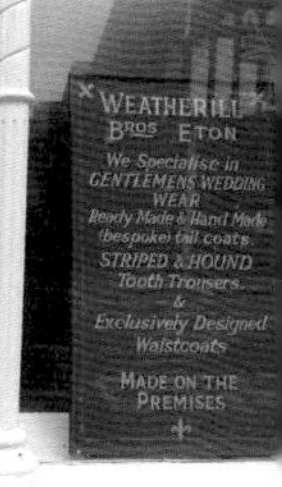

Town Guide 有名校のある地を訪ねて

本書で紹介している学校のあるエリアには、素敵な観光スポットもあります。
ゆっくりと散策するのにも向いているので、訪ねてみてはいかがでしょう。

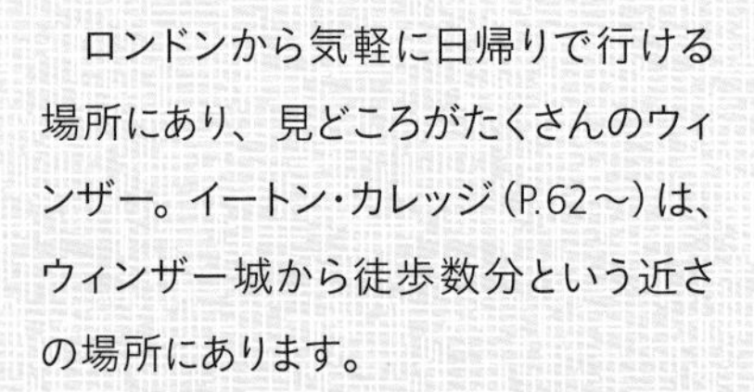

「イートン・カレッジ」のあるエリア

Windsor
ウィンザー

ロンドンから気軽に日帰りで行ける場所にあり、見どころがたくさんのウィンザー。イートン・カレッジ（P.62～）は、ウィンザー城から徒歩数分という近さの場所にあります。

ウィンザー城の衛兵交代は、できれば軍楽隊の演奏時間に合わせて見るのがおすすめ。バッキンガム宮殿よりも混雑せず、見やすいです。

見学コースを回ると、お城の重厚なインテリアや調度品、美術品などを見ることができます。また、城内にあるドールハウスも必見です。建築家が設計した本格派で、調度品から図書室の本までオリジナルのミニチュアという緻密さです。

イートン・カレッジの見学は事前申込制で年に数回のみです。学校の周囲には生徒が住む寮があり、学校からすぐ近くのハイストリートにはカフェやアンティークショップのほか、生徒や先生も利用する洋品店、文具店などがあり、イートン・カレッジ関連のちょっとしたお土産も購入できます。

ウィンザーのランドマークで、エリザベス女王が折々に滞在するウィンザー城。
城内では衛兵の交代式も行われています。

「ウィンダミア・スクール」のあるエリア

Windermere

ウィンダミア

かつてビアトリクス・ポターが住んでいた家。期間限定で一般公開もされています。

ウィンダミア・スクール（P.50～）は、風光明媚な湖水地方にあります。その名のとおり、ウィンダミア湖のそばにある学校です。

湖水地方というと、湖はもちろん“ピーター・ラビットのふるさと”が思い浮かぶ人も多いかと思います。絵本『ピーター・ラビット』シリーズの著者ビアトリクス・ポターが愛し、暮らしたニア・ソーリー村のある地方として知られているからです。

ロンドンから行くなら、ユーストン駅から列車に乗って最短でも3時間以上かかりますが、この地方に来たら、湖を観光船で巡るのも良いでしょう。ポターが保護活動をしていた、昔の美しい姿を保つ風景と、ヒル・トップ農場の一角にある彼女が暮らした住居跡と庭を見学するのもおすすめです。その付近には、土産物屋や雰囲気のある昔ながらのパブもあります。

人気スポットなので土日は混み合いますが、イングランドらしい牧歌的な風景を味わうのにふさわしい場所だと思います。

夏には美しいウィンダミア湖を訪れる観光客でにぎわいます。
湖上を遊覧船で楽しめるクルーズもあります。

「ウェルズ・カテドラル・スクール」のあるエリア

Wells
ウェルズ

ゴシック建築が好きな人なら、ウェルズ・カテドラルの美しい姿を一度は見ておくべきでしょう。

ウェルズ・カテドラル・スクール（P.48～）は、英国でも有数の大聖堂、ウェルズ・カテドラルとゆかりの深い学校です。

学校周辺の最大の見どころは、もちろんこのカテドラル。ロンドンからは電車とバスを乗り継いで4時間ほどかかりますが、12世紀に建てられたという圧倒されるほど美しいこの建築をぜひ見てほしいものです。中世のステンドグラスが数多く現存し、14世紀末に設置された時計もあります。ガイドツアーに参加したり、頻繁にコンサートも行われているので、素晴らしい響きを誇る聖堂内で音楽を楽しむのも素敵です。コンサートのスケジュールはウェブサイト経由で問い合わせできます。

ビショップブズ・パレスのゲートの先には、
魅力的な庭もあります。

カテドラルの隣には、ビショップブズ・パレス（主教の館）と庭があります。建物をぐるっと囲むお濠にはカモが泳ぎ、風景を楽しみながらお茶できるカフェでくつろぐのも良いでしょう。カテドラルの周辺には小ぢんまりしたショッピング・エリアもあります。

「フェテス・カレッジ」と「ロレット・スクール」のあるエリア

Edinburgh

エディンバラ

フェテス・カレッジ(P.28〜)やロレット・スクール(P.36〜)のあるエディンバラは、英国北部・スコットランドの首都です。夏になればエディンバラ城で行われるミリタリー・タトゥーという軍楽隊のイベントや、さまざまなパフォーマンスを楽しめます。この城や、歴史ドラマの舞台となったホリールード宮殿のある中心部は世界遺産にも登録されており、古い町並みが印象的な観光地です。

キルト姿のバグパイパーの奏でる音楽が聞こえてくる市街地では、お城や美術館などをめぐり歩くことができます。カールトン・ヒルという小高い丘に登れば市街地が一望できるので、晴れた日はぜひ、その眺めを体験してみてください。

また、スコットランドならではのウイスキー体験ツアーに参加してみるのもおすすめです。スコットランド観光のハブなので、ここからさらに自然豊かなハイランド地方に向かうのにも便利です。

街中から見上げたエディンバラ城の一画。

1228年に僧院として建てられ、その後スコットランド国王の居城となったホリールード宮殿。

「ミル・ヒル・スクール」のあるエリア

Hampstead

ハムステッド

ロンドン近郊にはいくつもの有名な私立校がありますが、ミル・ヒル・スクール（P.38〜）もそのひとつです。学校近くへは、ロンドン中心部からバスで向かうルートがいくつかありますが、そのバス停のうちのひとつは、ロンドンっ子の密かなオアシス的存在のハムステッド・ヒースにほど近い場所にあります。

ゆったりとした緑地や森が広がり、散策やピクニックに最適です。

ハムステッド・ヒースは、ロンドンにあるとは信じられないほどの自然に恵まれた森林公園です。野生動物も生息しており、英国のカントリーサイド気分をロンドンにいながら感じられる場所です。

広大な敷地内にはケンウッド・ハウスという一般公開されている邸宅があり、フェルメールやレンブラントの絵画も展示されています。

また、ミル・ヒル・スクールにより近い場所には、巨大な空軍機が展示されているロイヤル・エアフォース・ミュージアムがあり、無料で見学できます。

ケンウッド・ハウスには見るべき絵画や彫刻がいくつもあります。

Column

制服のない学校、ウィンチェスター・カレッジの場合

英国では、制服のある学校が大多数です。とくに私立のシニア・スクール以上の場合はそれが顕著です。その一方、名門校で制服を持たないところもあります。

ウィンチェスター・カレッジ（Winchester College）には、制服はありませんが、生徒はスーツが基本。直接先生に伺ったところ、生徒は学校生活に相応しいスーツを着用するのがルールということでした。色の基準は、黒・紺・茶。ジャケットの下に着るシャツは、白のほか色のついたもの、ストライプ地も良いということでした。

とはいえ、派手な色のシャツを着ている生徒はまずいません。シャツについてはカフスボタンが使えるタイプをという指定がありますが、カフスボタンを使う生徒はほぼいないとか。これとは別に、通常のスーツに加え、イベント時に着るフォーマルなディナージャケットなども用意するそうです。また、とくに優秀なスカラーのみガウンを着用することができます。

生徒たちはタイを着用しますが、指定のものはなく自分でネクタイ、ボウタイを選べます（アニメ柄などはNG）。生徒は入学前に、ちゃんと締め方を覚えておくことが必要ということです。

ウィンチェスター・カレッジでは、プリフェクト（監督生）はハウスごとに決まった色柄のハウス・タイの着用が許されています。同じハウスにいるからといって、誰もがいつでも着用できるものではありません。タイは、ウィンチェスター・カレッジに限らずハウスごとにあったり、所属するスポーツやソサエティ（同好会）のものなどがありますが、いずれも所属しているだけで着用できるものではないのです。

Mさんがハウスから授与されたタイ。
留学当初は自分で選んだタイをしていたそうです。

この学校に留学していたことのあるMさんは、卒業時にハウスのタイを授与されましたが、これはハウスの功労者であると認められた者のみの栄誉なのです。

プレップ・スクールの制服いろいろ

英国の私立小学校にあたるプレップ・スクール。
日本でも私立の小学校の制服は特別感がありますが、
英国のものもお出かけ着のような趣があります。

英国の学齢や入学制度は、公立と私立で異なりますが（P.5〜6参照）、どちらもたいてい制服があります。

公立小学校（プライマリー・スクール）の制服はスーパーやデパートで入手しやすいですが、私立の場合はオリジナリティが強く、指定の店またはオンラインショップでないと買えないケースが多いです。私立は授業料も高めで、私立の名門シニア・スクールへのステップとなる有名校もあり、制服のデザインもどこか小さな紳士、小さな淑女のイメージを与えてくれるものが多い気がします。ここでは、小学校以下（プリ・プレップとナーサリー含む）の私立校、そのなかでも目を惹く制服をイラストでご紹介します。

プレップ・スクールもまた、制服にスクール・カラー（P.8参照）を取り入れている学校が多数あり、ジャケットやスカートにその色が使われています。黄色や赤といったかなり目立つ色を取り入れても、制服となるときちんとした雰囲気が出ている気がします。

通学制の学校が多いものの、9歳や11歳という年齢で寮生活をスタートする生徒もいて、とくに男の子は幼くしてネクタイをひとりで締められるようにもなります。とはいえ、見た目がとにかく可愛らしい、英国の子どもたちの学校制服スタイルにはつい目がいってしまいます。

Wetherby School
ウェザビー・スクール

学校

　ロンドンのおしゃれスポット、ノッティング・ヒルにある学校で、1951年に開校しました。当初は4～8歳までの男子を受け入れていましたが、現在では同系列のナーサリーやジュニア・スクール、シニア・スクールもあります。ウィリアム王子やハリー王子のほか、俳優のヒュー・グラントも通っていたことで知られています。

制服

　ジャケットの襟、袖、ポケットに赤い縁取り。胸ポケットに校章が刺繍された明るめのグレーのジャケット、グレーの半ズボンに同じ配色の帽子が愛らしい制服。シャツは白で、スクール・タイをします。ソックスは赤いストライプの入ったグレー。冬はジャケットの下に、グレー地に赤いラインの入ったセーターを着ます。

Westbourne House School

ウェストボーン・ハウス・スクール

学校

ウェスト・サセックス州にある1907年創立の学校。創立者のヘア女史は、海運業で有名なフランク・ビビー氏の息子の家庭教師を務めていました。その息子が亡くなったとき、ビビー氏が彼女に深い感謝のしるしとして学校の建物を購入し、贈ったのがはじまりです。現在は2歳半以上、12歳以下の生徒が通う共学の私立校です（完全に共学化したのは1992年）。

男子の制服

ジャケットの胸ポケットには校章が入っています。そしてグレーのシャツとズボン（夏は半ズボン）。校章入りのタイをします。プリ・プレップの男子は、赤いプルオーバーにズボン。その上にフリースを着たりします。夏は赤のポロシャツに半ズボンです。

女子の制服

男女共通のデザインで、襟、袖、胸ポケットに赤いラインの入ったグレーのジャケットを着ます。白いシャツとタイ、グレー・白・赤・黒を使ったタータンチェックの膝丈キルトスカート。夏はスカートに、白い開襟シャツを着用します。プリ・プレップでは、赤いタートルネックのプルオーバーの上に、プレップと同じ柄のジャンパースカートを着ます。夏には白いセーラーカラー、細い赤白のストライプのワンピースを着ます。

Eaton Square School
イートン・スクエア・スクール

学校

ウィンザーのイートン・カレッジとは別の学校で、ナーサリー、シニア・スクールを含め、ロンドンの一等地に系列校が6つある共学校です。勉強でもスポーツでも成果を出している学校で、生徒に対しては好奇心旺盛で勤勉、そして親切で礼儀正しい人間に育つように教育すべく努めています。

男子の制服

制服は鮮やかなブルーの地で、襟とポケットには黄色のラインが入っています。胸には校章がついています。同色のズボン、シャツとタイ、青地に黄色のラインの入ったソックスを履き、外出時には同色の帽子をかぶります。ジャケットなしで、同じく青いセーターと半ズボンで授業を受けることもあります。

女子の制服

女子も男子とまったく同じジャケット（合わせも同じ）に白いシャツ、タータンチェックのスカートです。帽子は広い縁のあるもので、黄色いリボンつき。夏の短い間だけ、白い襟つきで水色のギンガムチェック柄の半袖ワンピース姿になり、ジャケットは必要に応じて着ます。帽子は青いリボンの麦わら帽子をかぶります。

Hill House School
ヒル・ハウス・スクール

学校

1951年にロンドン郊外に創立され、チャールズ皇太子も在学していたことがあります。現在は4歳以上12歳以下の男女が通っています。創始者のタウンゼント大佐は、夫人の「灰色の制服は灰色の心を生み出す」との意見から、他と違う制服を定めました。その後当初あった帽子やジャケットをやめ、現在の形になりました。

制服（夏）

この学校のスクール・カラーは、オールド・ゴールドと呼ばれる黄色、赤茶色（英語ではRust／錆色）とベージュ（英語ではTan／褐色を意味しますが、ここではベージュ）です。これが制服に反映され、男女ともベージュのポロシャツ、赤茶色のラインの入ったベージュのベスト。男子は夏は赤茶色の半ズボン、女子は膝丈のフレアスカートも選べます。

制服（冬）

寒い季節になると、男女とも赤茶色のニッカボッカ（女子はスカートも選べます）で、上にはゆったりめのざっくりと編まれた黄色のニットを着ます。ニットの下には長袖のポロシャツ。首にはやはりスクール・カラーを入れこんだスカーフを巻きます。ソックスも赤茶色のライン入りです。

Thomas's Battersea
トーマス・バタシー

学校

トーマスと名の付く系列校がロンドンに4校ありますが、最初の学校は1971年に創設され、徐々に数が増えていきました。そのうちウィリアム王子の子どもたちが通っているのがテムズ川にほど近いバタシー校です。現在バタシー校だけで、4歳以上12歳以下の男女合わせて560人もの生徒が在学しています。

男子の制服

襟ぐりと袖口のところに赤いライン、胸元には学校のロゴのあるVネックのネイビーブルーのニットに、半ズボンあるいは長ズボン。セーターの下は淡いブルーのシャツを着ます。夏は半袖を着ることもあります。プレップ・スクール生はネクタイをしますが、それ以下の生徒はなし。季節により赤いタートルネックを着ることも。

女子の制服

ネイビーのカーディガンで、襟元、袖口、ポケットに赤いライン、胸には学校のロゴが入っています。ネイビーのスカート（またはズボン）で、シャツはとても細かいブルーのチェックです。プリ・プレップ以下の生徒は、赤いタートルネック、胸当てのあるジャンパースカート、夏は白い半袖シャツに青と白のギンガムのジャンパースカートを着ます。

King's College School
キングズ・カレッジ・スクール

学校

1829年創設のキングズ・カレッジ・スクールのジュニア部門として、1912年に設立された男子校で、7歳以上12歳以下の生徒が在学しています。テニスで有名なウィンブルドンにあり、スクール・カラーは赤と青。同じ名を持つ先輩格のシニア・スクールも敷地内にあり、こちらはシックス・フォームからは女子生徒も通います。

制服

ポケットには紺の縁取り、胸に校章の入った真っ赤なジャケット。その下にはやはり校章入りの紺のVネックセーターかベストに白いシャツ、グレーのズボン。半ズボンの生徒もいます。タイは、スクール・カラーの赤と青の斜めストライプ。半ズボンのときにはこの配色のスクール・ソックスを着用します。

Column

制服ルール

英国の学校にも制服のルールはあり、違反すると罰則が生じることもあります。ただし、義務教育後の生徒に関しては、日本の学校より比較的自由なところが多いようです。

英国の私立校で実際に定められている制服ルールの一部を紹介します。少し変わったものもありますが、ほとんどの学校で共通しています。

＊　＊　＊

- 制服のシャツがズボンやスカートからはみ出してはいけない。
- コートは学校指定のものを着用すること。着丈は制服のジャケットより長いもの。フリースは禁止。
- メイク、マニキュア、アクセサリーは禁止。
- 髪はナチュラルな色（地毛の色）で、脱色、カラーリングなどは禁止。
- 靴は磨くことのできる黒い革靴か合皮のもの（かつ、紐靴のみという学校もある）。スニーカーは禁止。
- 男子の髪は顔や襟にかからない長さであること。女子の長い髪は後ろでひとつにまとめ、ヘアバンドやヘアゴムは地味な色で、飾りのないものを使う。
- 冬のマフラーは、学校指定、あるいは学校指定の色のもののみ。許された者のみ、ハウスカラーのマフラーやスポーツチームのカラーのものを着用できる。
- 身に着けるものには名前を書くかネームタグをつける。
- 校内とハウスで着る服は区別する。制服のシャツをハウスでは着ない。
- 下着は指定の色のみ。
- タイツの色、厚さは規定のもののみ。

＊　＊　＊

義務教育後のシックス・フォームの生徒にはここまで細かいルールはなく、制服が終わる学年では自分で選んだスーツや、ジャケットとスカートなどのセットアップを着ます。女子の薄化粧や、シンプルなアクセサリーをつけることも許されるようになります。

それでも厳しい学校では髪形などに下級生と同様のルールがあり、自分でスーツを選べるといっても、「短い丈のスカートは、色は黒のみ。かつ、透けない黒いタイツを履くこと」「ジャケットの下でも、ストラップのないトップスを着てはいけない」「レギンスは腰の位置より長いトップスを着ていない場合は履いてはいけない」などといったルールをのある学校もあります。

Column

ブリティッシュ・スクール・イン・トーキョー

日本にいながら、英国と同様の教育を受けることのできる、
ブリティッシュ・スクール・イン・トーキョー（The British School In Tokyo、以下BST）。
ナーサリー、プレップ（レセプション含む）、セカンダリー・スクールからなる学校です。
この学校の制服について、学校関係者に質問してみました。

── 制服は1989年の創立当時から変わらないのですか？

同じではありません。学校の制服ポリシーに合うよう、しばしば変わっています。他校との共通点もありますが、制服ポリシーは、以下のとおりです。

- この学校の生徒であることを誇れるようなものであること。
- 生徒たちにとって学校がひとつのコミュニティであるという一体感を生み出すものであること。
- （制服が）積極的な行動と規律をサポートするものであること。
- 実用的ですっきりとした、知的な雰囲気であること。
- 同じ制服を着ることで、生徒が個別のファッションで学校に通って授業に集中できない事態を防ぐこと。
- （制服が同じことで）外見的にどの生徒も皆平等と感じさせるものであること。
- 健康的で、安全性を考慮したデザインであること。
- 制服代に見合い、耐摩耗性のある衣料品であること。

── 制服を採用するにあたり、参考にしたことはありますか？

BSTの制服にはジャケットはありません。Year 3までの女子はタータン柄のジャンパースカート。それ以上は短いスカート。

英国では学校制服を着るのが一般的なので、BSTでもそうしています。たいていの学校では、スクール・カラーや学校のロゴの入った服を着ているので、それらを参考にしました。

—— 制服着用のルールはありますか？

一部例外を除き、アクセサリー、メイクやマニキュアは禁止です。靴は厚底や、ハイヒールは禁止です。スニーカーは運動時のみ。髪の長い生徒は後ろでまとめます。ヘアアクセサリーは、無地で控えめな紺色でなければなりません。ケースバイケースですが、生徒が他の生徒の気を散らすような、極端なヘアスタイルは許可していません。ただしイスラム教の生徒は、ヒジャブ（イスラム教徒の女性が着用する、髪を覆う布）を着用できます。

卒業式。ちなみに、ガウンも帽子も皆レンタルしています。

—— 生徒は制服を気に入っていますか？

毎日何を着るか考える必要がないので、学生の大半は学校の制服が好きです。服装が同じだと、ほかの生徒も自分の仲間だと感じることができます。

—— プリフェクト（監督生）などが、違うアイテムを身に着けることはありますか？

ヘッドボーイ、ヘッドガール（生徒代表。P.8参照）などはいますが、バッジや特別なものはありません。

—— 学校の特別なイベントではジャケットを着用したりしますか？

イベントや正式な行事のための特別な制服はありませんが、スポーツデーなどのハウス・イベントには、ハウスのTシャツを着ます。最終学年の卒業式の際は、ブルーのガウンと帽子を着用します。

公立校の装い

英国の公立校は制服のルールもそれほど厳しくなく、
予算的にも手ごろなのが特徴です。
ここではスタンダードな公立校の制服を紹介します。

公立校の制服は私立校と比べるとシンプルなデザインです。また必ずしも指定の店で買わなくてもよく、専門店よりも手ごろな価格で販売している、日本でいうイオンのような大型スーパーでもそろえることができるのです。

たとえば、英国のデパート、ジョン・ルイス（John Lewis）やマークス＆スペンサー（Marks&Spenser／いずれもP.108～参照）といった大手スーパーでは、新学期が始まる前に、小中学生の制服がずらりと並ぶコーナーができます。

学校独自のエンブレムや、スクール・カラーのネクタイなどは学校の指定がありますが、おおむね学校が出しているガイドラインに沿ったものを選んで購入すればよいのです。それはたとえば、「紺のブレザー」「グレーのズボン」「白の長袖シャツ」「黒のボックス・スカート」程度の決まりごとなので、生徒の保護者はそれに合うものを、各自の予算に合わせて購入します。

もちろん、店頭で買わなくても、制服や学校関連のアイテムが購入できるオンラインショップも充実しているので、サイト内のサイズ表を見ながら必要なものを買い、配達してもらうこともできます。

ナーサリーから小学生くらいまでの夏の制服として、英国ではポピュラーなワンピース。

制服専門店で見かけた、日本だったらちょっとしたお出かけ着にもなりそうな可愛いデザイン。

大型スーパー店内にあった、制服着こなし例のディスプレイ。

男子の制服

スコットランドのとある公立セカンダリー・スクールの男子制服。
校章つきジャケットに白いシャツ、
ズボンにネクタイという基本形です。

日本でも見かける、ジャケットとズボンの組み合わせ。成長期の男子を持つ親にとって、シャツが2枚パックで10ポンド程度なのは、かなり助かるのでは。セールなら、もっと安く購入することもできます。

女子の制服 ❶

前ページの男子生徒と同じ学校の女子生徒の制服。
スカートはジャケットと同色で無地、あるいはタータン柄というのが、
英国でよく見かけるタイプの組み合わせです。

後ろの部分にだけプリーツが入っているキルト・スタイルのスカートは、制服ながらもおしゃれ度が高いかも。スカートは膝丈か膝上丈というところがほとんどです。スカートと同色のタイツに革靴を合わせています。

ジャケットの下に、セーターやパーカを着るのもOKです。ただ、色については学校から指定があります。

この学校の1～4年生は、男女ともこのブルーとグリーンのストライプのネクタイをします。

同じ学校ですが、義務教育期間を過ぎると、この校章入りのネクタイに変わります。

校章に書かれた「JUSTUS ET TENAX」とはラテン語で、「公平であれ、そして諦めず前進せよ」という意味です。

女子の制服 ❷

前ページまでの男子、女子生徒と同じ学校の制服なのですが、
スカートのタイプを変えることができます。
好みのスタイルが選べるのは楽しそうです。

ちょっとボーイッシュな雰囲気を持つ彼女は、シャープさを醸し出すミニタイトがお似合い。すっきりとした着こなしは、ちょっと大人っぽく見えます。

ジャケットを脱いだところ。暑い季節には、授業中ジャケットを脱ぐこともあります。逆に寒ければ、男女ともに学校指定色のセーターやベストなどを着ることができます。

女子の制服 ❸

英国では何年も前から、女子も制服にズボンを選べるようになりました。
日本でもごく一部で導入されていますが、普及はまだまだ。
このあたり、英国は進んでいます。

女子生徒のズボンの制服。着用しているアイテムは男子と変わりません。ただズボンが細身なので、男子のジャケット＋ズボンのスタイルと比べるとおしゃれな感じがします。颯爽と着こなしています。

小学校・女子の制服

スカートやピナフォー（Pinafore）と呼ばれるジャンパースカートに、
白いシャツを合わせるスタイルが女の子に多く見られます。
上はパーカやトレーナー。

学校のエンブレム入りのパーカを着ています。男女とも、こうしたパーカやジャンパーだけが学校指定で、あとはダークカラーのスカートやズボンを合わせればOKという小学校が多く、夏はポロシャツとの組み合わせとなるところも。

デパートやスーパーで買える制服

制服は、日本と同様に制服専門店やデパートで購入することができます。
加えて、公立校の標準的な制服は大型スーパーでも購入可能です。

JOHN LEWIS
ジョン・ルイス

英国の主要都市にあるデパート、ジョン・ルイス。シャツ、ズボン、ワンピースやジャケット、コート、靴やバックパック、ネクタイなどの小物まで、一通りそろいます。一部私立校のセットアップも販売しています。スカートやズボンは定価で10ポンド前後*、シャツは2枚組で10ポンド程度で買えます。

＊1ポンド＝約140円（2020年8月現在）

＊P.108 ～ 109の写真はすべてJohn Lewisの公式サイト（https://www.johnlewis.com/）より。
Source: https://www.johnlewis.com/

Marks & Spencer
マークス&スペンサー

英国に住む人ならだれでも知っているスーパーですが、大型店では制服の取り扱いもあります。品ぞろえは、ジョン・ルイスに引けをとりません。

アイテムは減りますが、さらに安価で制服を購入できるスーパーもあります。デパートもスーパーもオンラインショッピングができるサイトがあります。

＊P.110～111の写真はすべてMarks&Spencerの公式サイト（https://www.marksandspencer.com/）より。
Source: https://www.marksandspencer.com/

スーパーやデパートで買える、可愛いアイテム

お手頃価格なので制服として使わず、お土産に買ってプレゼントしたり、
ファッション小物として利用できそうなものがいくつかあります。

ワンピースの制服

赤、黄、青などのストライプやギンガムチェックが主流。このワンピースは襟にハートマークの刺しゅうがあり、胸元はジッパーで開きます。

丸襟の縁はレースで、ポケットはふたつ。1着の定価は9ポンドですが、2着で13ポンドのセール価格になっていました。

校章

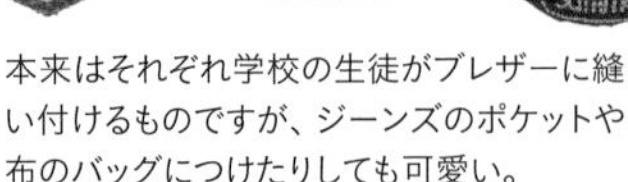

本来はそれぞれ学校の生徒がブレザーに縫い付けるものですが、ジーンズのポケットや布のバッグにつけたりしても可愛い。

ネクタイ

学校によってデザインが異なるタイ。
大人向けにはない色合いのものも。

校章とネクタイの写真はすべてJohn Lewisの公式サイト(https://www.johnlewis.com/)より。／ワンピースはMarks & Spencerで購入。
Source (School Badges & Ties): https://www.johnlewis.com/

Column

制服のリサイクルと寄付

子どもの成長は早く、制服のサイズが追いつかず悩む保護者は少なくないはず。

新一年生は、若干大き目の制服を用意しますが、1年で何センチも背が伸びたり、体型の変化には、丈出しくらいでは間に合わない場合があります。

とくに私立校の場合、学校指定の店でしか買えない制服が多く、寮生活で洗い替え用にさらに1着用意するのは普通のこと。そんな私立校の生徒の助けになるのは、学校のリサイクルショップです。

P.28～で紹介しているフェテス・カレッジには校内にリサイクルショップがあり、ここでは中古の制服以外にも、コンディションが良く新しめのスポーツシューズやテニスのラケット、ホッケーのスティックといったスポーツ用品の中古品も販売されています。

フェテス・カレッジでは、不要になったアイテムをショップに委託した場合は、売上の半分が委託者に支払われます（販売できるクオリティかどうかの判断や値つけはショップがします）。また、完全にショップに寄付することも可能。

ほかにもイートン・カレッジ御用達の洋装店では、制服のメンテナンスもしてくれますが、中古の取り扱いもあります。

着なくなった制服を寄付することは珍しくなく、あのハリー王子の制服も中古品として販売されたそうです。

フェテス・カレッジ内のリサイクルショップ
（英国ではThrift Shop／スリフト・ショップとも呼びます）。

また、公立校に通う生徒の親のなかには制服代が大きな負担になる場合も少なくなく、用意できない家庭すらあります。これを解消するために、ある団体では学校単位で着なくなった制服を寄付品として回収／クリーニング／修繕して供給するという取り組みをしています。オンラインでデータ等を登録しておくと、ニーズに合った制服が入ったら連絡がくる仕組みを備えたサイトもあります。このように、着なくなった制服のリサイクルは、エコロジーの観点からも有意義だと考えられています。英国では毎年約30万トンの衣類が埋め立てられているとのこと。そこにはもちろん制服も含まれます。そんな状況を改善するため、リサイクルを推進する団体がいくつも活動しています。

Column

変わりゆく、ロングスカートの制服

日本では1980年代後半、とくに女子の学校制服のモデルチェンジによって、
入学希望者が増加した学校が多数出ました。その流れを受け、
ほかの学校も「それに続け」と制服の刷新がブームになったことがありました。
英国でも学校制服に新しい流れが来ているようです。

保護者からは、惜しむ声も

イングランド南西部ドーセット州にあるセント・メリー・シャフツベリー（St Mary's Shaftesbury）という女子校の場合、2016年の春までは、スカートはくるぶしも隠れるロング丈のキルトスカートでした。しかし、校長先生が変わってから制服も一新され、膝上丈のスカートに（最上級生は、黒のタイトスカート）。ロングスカート時代に学校に通った日本人卒業生の保護者の方にお話を聞いたところ、当時、「伝統あるロングスカートのままにしておいてほしい」という要望が保護者から学校に多数寄せられたそうです。残念ながら、それはかないませんでした。写真で見ても、個性があり、エレガントさと可愛さを兼ね備えた制服なので、変わってしまったのは少し寂しい気がします。

女子校あるある？

実はこの制服、女子生徒にとって「朝、遅刻しそうなときや寒いとき、こっそりパジャマのズボンを下に履いたままスカートを着て登校しても気づかれない、都合のいいもの」でもあり、みんなのお気に入り

Year9（14歳）の生徒たち。足元までたっぷり長いロングのタータンチェックのスカートです。ロングスカート制服時代は、シックス・フォームの生徒は私服でした。

夏の制服は、ロングスカート時代も今も変わらず膝丈で、明るい色のタータンチェックのキルト。

現在の制服では、シックス・フォームはセーターの色の違いでわかります。中央と左の生徒はシックス・フォームで紺のセーター。それ以外の学年の生徒は緑色のものを着ます。プリフェクト、ヘッドガール（生徒会長）、ハウス・キャプテン（寮長）にはバッジとスカーフが与えられ、任期中は制服とともに着用します。

だったそう。しかし、この“活用法”が学校側に発覚してからは、スカートの下に余計なものを履くのはルール違反となったとか。冬場に長めのスカートの下にジャージの重ね履きをしていた経験者としては（著者の学生時代は膝下丈でしたが）、英国でも変わらない「女子校あるある?」と、妙に共感を覚えました。防寒と便利さを兼ねた（?）ロングスカートはなかなか良いものだったのです。

前述の女子校は、冬はロングスカートで、夏場は膝上丈のスカートだったそうです。今では一年中膝上丈のスカートに変わったので、夏冬それぞれの制服として残したら良かったのに、と思います。

新しい流れ

英国では、女子の制服のロングスカートはごくわずか。今回、執筆にあたり100校以上はチェックしましたが、膝下くらいまでがほとんどで、くるぶし丈のスカートは稀でした。

さらに、別の角度から制服の取り組みをしている学校も興味深いです。たとえば、男女ともに選べる、スカートやズボンの制服。ジェンダー問題の観点からは良い変化だと思います。また、スコットランドのキルトを、イベント時の男子の正装として採用している学校もあります。以前、「夏の暑い時期に、長いウールのズボンは嫌だ」と、生徒がスカート姿でストライキをした話もニュースになりました。

伝統と革新を取り込みながら発展してきた英国ファッション。変わってゆくのなら、制服においてもぜひ色々な考えをミックスして昇華させたものを生み出してほしいと願っています。

Gallery

スポーツ

英国らしいスポーツのユニフォームを集めてみました。
ホッケーやクリケット、クロケー、ロウイング（ボート）は、英国ではよく知られたスポーツです。

Hockey
ホッケー

スティックを持ってフィールドを駆け回り、相手ゴールを狙うホッケーは
ハードなスポーツですが、英国では男女ともに人気があります。

Cricket
クリケット

日本ではマイナーですが、英国で始まり、世界に10億人のファンがいるといわれています。
英国の名門男子校の生徒のほとんどがクリケット経験者です。

Croquet
クロケー

英国が起源といわれるクロケーにヒントを得て日本のゲートボールが生まれたとか。

Rugby
ラグビー

ラグビー校（P.44）が発祥とされる、英国の男子校では必須のスポーツ。

Tennis
テニス

テニスも男女ともに人気があります。

Fencing
フェンシング

英国の私立校では今も愛好者の多いフェンシング。

Wind Surfing
ウィンド・サーフィン

ウインド・サーフィンなどウォーター・スポーツを
体験できる学校も少なくありません。

Riding
ライディング（乗馬）

私立校では乗馬施設を持つ学校もあり、
高いスキルのある生徒もいます。

Lacrosse
ラクロス

ネットのついたスティックが特徴で、女子の人気が高いラクロス。

Rowing
ロウイング（ボート）

ボートの優秀選手は学校でも一目置かれます。

軍隊訓練（CCF）

CCF（Combined Cadet Force）とは、軍隊訓練のこと。
このカリキュラムを持つ学校では、陸・海・空軍や楽隊の指導を受けます。

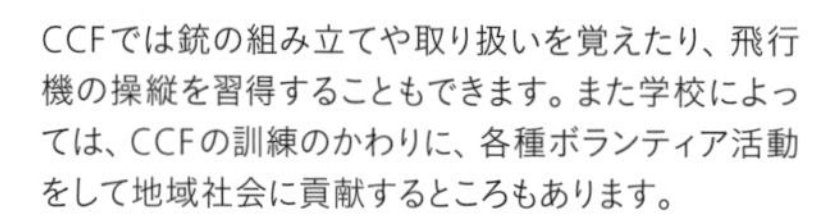

CCFでは銃の組み立てや取り扱いを覚えたり、飛行機の操縦を習得することもできます。また学校によっては、CCFの訓練のかわりに、各種ボランティア活動をして地域社会に貢献するところもあります。

聖歌隊（Choir）

英国のたいていのキリスト教系私立学校には、
聖歌隊（Choir／クワイア）があり、ピュアな歌声が愛されています。

聖歌隊のなかでも、ソリストを務めるソプラノの年若い生徒は素晴らしい歌声の持ち主です。

古き良き時代の学校

19世紀、20世紀のレトロなスクールライフの写真。
今も当時のままの校舎を使っている学校もあります。

Clayesmore School
クレイズモア・スクール

1896年創立のクレイズモア・スクール（P.20～）。こちらは1914年夏に撮影された一枚で、
スポーツチームのユニフォームを着ていると思われます。

1917年撮影。現在は共学校ですが、当時は男子校でした。年少の生徒はイートン・カラーと半ズボンが特徴的。

Sherborne School
シャーボーン・スクール

705年創立のシャーボーン・スクール。
こちらは1950年撮影の写真で、
生徒はストロー・ハットをかぶっています。

1890年撮影、
寮のクリケット・チームを写した一枚。

シェイクスピア劇『空騒ぎ』の衣装で、1927年に撮影されたもの。

Column

オックスフォード大学にも制服が！

イギリスの名門オックスフォード大学には、実は制服があります。
「大学で制服」というのはピンとこないかもしれませんが、どんなものか紹介します。

大学

オックスフォード大学は言わずと知れた、世界に誇る名門校。1167年に創立された英国最古の大学で、世界の大学ランキングでは頻繁にナンバーワンに輝く学校です。高名な学者たちはもちろんのこと、マーガレット・サッチャー、トニー・ブレア、デーヴィッド・キャメロン、ボリス・ジョンソンら、歴代の英国首相を輩出。その他有名な卒業生には詩人のT・S・エリオット、ルイス・キャロルやトールキンなどの作家、またエンタメ界では、ヒュー・グラント、ローワン・アトキンソンらがいます。日本からも、徳仁陛下、皇后雅子さまが留学されていたことでも知られています。

制服

入学のハードルはもちろん高いのですが、在学中の試験もかなりハードなオックスフォード大学。普段はとくに服装の決まりはありませんが、入学式、卒業式のほか、試験中は黒いスーツにボウタイ、ガウンの「サブファスク（Subfusc）」といわれる姿に。さらに、角帽を着用するか持っていなければなりません。

こんなフォーマル・スタイルで
試験を受けるとは驚きです。

試験期間中は、胸ポケットにカーネーションの花を挿します。さらに花の色が、試験前期は白、中期はピンク、最後は赤、と変化していきます。これは、「血のにじむような努力をして試験と向き合っている」という決意を表しており、最後は「絞り出すようにがんばる」ことを意味しているとか。試験が終わると、服のまま全身にお酒をかけられます。男子はその姿のまま川に入って洗い流すという伝統があるそう。そのため最終日には安い服、安い靴に代えておく学生が多いようです。

学生は「スカラー（Scholar）」と「コモナー（Commoner）」に分かれます。スカラーと呼ばれる学士過程の奨学生はプリーツ入りの長いガウン、コモナーと呼ばれる一般学生は丈の短めのガウンを着ています。

あとがき

念願だった英国の学校制服を集めた本が、ようやく出来上がり、今はほっとした気分です。企画が通り、下準備を終え、学校関係者との直接取材を終えたのは、2019年の6月のことでした。

英国の学校関連本を何冊か出版してきて、前作『英国パブリック・スクールへようこそ！』で英国の学校取材のハードルの高さが増したのを実感し、それがさらに数段階上がり、「英国学校モノはもう無理！」と思ったこともありました。ですが、この企画は10数年前『英国男子制服コレクション』を出版したときから叶えたかった企画だったので、踏ん張りました。

この本に欠かせない、制服の写真を入手するのには、まず学校の許可が必要です。今回許可をとりつけるだけでも150校ほどをリストアップして、メールで依頼を開始したものの、お断りの連絡どころか全くのなしのつぶてという学校が多数あり、落ち込む日々が続きました。何度も食い下がり、メールのやりとりは10回を超えた学校もあり、執筆にかける時間より、返事待ち、催促（複数回）に費やす時間

左／イートン・カレッジの食堂は「ベキントン(Bekynton)」といいます。特別な先生のための食堂は、学生用とは異なります。
右／ランチメニューのメインはソーセージやパスタ、ジャケット・ポテトなど。デザートはイートン・メスのほか、アップル・クランブルやベイクウェル・タルトなど、おなじみの英国菓子が選べます。イートン・メスは、生クリーム・メレンゲ・いちごをまぜたもので、ここではセルフサービスで自分で盛るのですが、とても美味でした。

のほうがはるかに長かった気がします。

出版までに時間がかかると、情報や学校の広報担当が変わってしまうことは珍しくなく、場合によっては制服と言えど、モデルチェンジしてしまう可能性があるのでヒヤヒヤしました。伝統的な制服を何百年も維持している学校もありますが、ジェンダー問題などから制服の選択肢が増えたり、宗教に配慮したり、古風なものより現代的なものへと変化したり。制服廃止の動きが強まり、取材済みの学校が早々に世情を反映させることもあるでしょう。そうした背景もあり、今可能な範囲ででも、私の心をとらえた英国の学校制服の魅力を形にして残しておきたかったのです。

2020年に入って世界中でまん延した新型コロナウイルスの影響で、編集作業に伴う打ち合わせだけでなく、英国の学校がリモート対応になり（とくに私立は公立より長い期間）、問い合わせ窓口とも連絡が取りづらくなるなど、状況はより険しくなりました。

そんな中、掲載を熱望したいくつかの学校については、幸運にも卒業生や在校生、その保護者の方々、先生のご協力を得て、ほかにはない情報を掲載することが可能になりました。これは関係者の方々のご尽力あってのことです。

また、伝統校で使う学校用語、制服用語は辞書を引いても適切な言葉が出てこないことが多く、これにも苦戦しました。卒業生の保護者の方々には非常に多くのことを教えていただきました。

イートン・カレッジの先生には、制服の話ばかりうかがうという奇妙に思われかねないインタビューを先生のご自宅で行い、そこから学内を案内していただいた上、学生が入ることのできない食堂でランチをご一緒できたのは良い思い出になりました。デザートは、イートン・メス。この学校が発祥とされているものを、現地で頂くという稀有な体験もできました。

このような状況下でできた本、日本の制服との違いや類似点など、楽しんでページをめくっていただければ幸いです。

9月吉日　石井理恵子

制服・衣装ブックス
英国学校制服コレクション

2020年10月2日 初版発行

著者 石井理恵子 Rieko Ishii

編集 的場容子 Yoko Matoba
株式会社新紀元社 編集部
Editorial Department of SHINKIGENSHA Co Ltd

デザイン 倉林愛子 Aiko Kurabayashi

イラスト 松本里美 Satomi Matsumoto

撮影 越間由紀子 Yukiko Koshima
(P.59上段3点, 70右, 71, 74, 76-77, 112上段・中段)

トム宮川コールトン Tom Miyagawa Colton
(P.2右, 18, 28, 29左・右上, 30, 31上・下段左)

石井理恵子
(P.31下段右, 55, 58下段左, 61, 64-66, 78-80
82-83, 85, 100-107, 113)

写真提供 PPS通信社 Pacific Press Service
(P.56-57)
©Alamy / PPS通信社

Hiromi Sano
(P.58上・下段右, 124)

Sayumi Otake
(P.62-63, 70左, 75, 86, 125)
*Many thanks to Old Etonians who lived on
that are on the page 62-63.

Fumitaka Eshima
(P.73)

Satomi Sakai
(P.114-115)

Naoko Moto
(P.81, 84)

各ページ及び上記に表記のない写真は、各学校から提供されたものです。

取材協力 Eiko Yamashita

翻訳協力 Mika Nakamura／Yuko Perry／Mayumi Guilfoile

発行者 福本皇祐

発行所 株式会社新紀元社
〒101-0054
東京都千代田区神田錦町1-7 錦町一丁目ビル2F
TEL 03-3219-0921／FAX 03-3219-0922
http://www.shinkigensha.co.jp/
郵便振替 00110-4-27618

印刷・製本 株式会社リーブルテック

ISBN978-4-7753-1846-1

[参考書籍]

- 森伸之（監修）、内田静枝（編著）『ニッポン制服百年史』河出書房新社、2019年
- 秦由美子『パブリック・スクールと日本の名門校』平凡社新書、2018年

[参考にしたウェブサイト]

Abberlyhall School
Christ's Hospital
Blundell's School
Heathfield School
Clayesmore School
Clifton College
Eastbourne College
Fettes College
Giggleswick School
The King's School
Loretto School
Mill Hill School
Queen Margaret's School
Rugby School
Wellington School
Taunton School
Wells Cathedral School
Windermere School
Harrow School
Eton College
Winchester College
Wetherby School
Westbourne House School
Eaton Square School
Hill House School
Thomas's Battersea
King's College School
The British School in Tokyo
Merchant Taylors' School
Sherborne School
St Mary's Shaftesbury

Special Thanks :
Paul B. Smith
Andrew Shedden
Sayumi & Ryuichi Otake
Hiromi & Keisuke Sano
Fumitaka & Jun Eshima
Satomi, Mana & Ayana Sakai
Yamashita Family
Cains Family
Kuwabara Family
Akemi Yokoyama

I would like to extend my gratitude to the schools which have supported and helped me in writing this book.